農林業の魅力と専門職大学

鈴木 滋彦 編

筑波書房

目次

序章　静岡で始まった新しい教育

鈴木滋彦

一　大学設置の思い

静岡県の農林業は「多彩な農産物が生産されている」ことが特長である。お茶、みかん、メロン、いちご、わさびなどは全国的に有名であり、この他にも千を超える農林水産物が生産されている。富士山のふもとや県の西部地方では畜産業も盛んで、静岡の牛や豚が美味しいことは地元ではよく知られている。また、天竜スギは古くから知られ、富士のヒノキもあわせて木造の文化が引き継がれている。静岡は、実は「豊かな農業県」であり、このことが大学設置の背景であり大きなモチベーションとなっている。

たしかに、ヤマハやスズキの名は海外でも知られているし、全国第4位の製造品出荷額が示すように、工業の「ものづくり県」としての実績がある。その知名度におされ、「豊かな農業県」であることが隠れているのかもしれない。

県内では「食の都」や「食材の王国」を自称するなど、その豊かさは認識されている。静岡は地理的にも恵まれた環境にある。東京から新大阪までの間、15ある新幹線の駅のうち6駅が静岡県にあることが示すように、とにかく静岡県は東西に海岸線が長い。また、3000メートル級のアルプスから海底2600メートルの駿河湾まで日本一の高低差が示すように、自然の多様性（ダイバーシティー）に恵まれており、これが農林水産業の豊かさを支えている。

そのような状況のもと、静岡県は平成29年5月に専門職大学の基本構想の検討を開始し、平成30年10月、文科省への大学設置申請を行った。審査の過程で紆余曲折はあったものの、結果的には令和元年9月、農林環境専門職大学と同短期大学部の二大学の新設が認められ、翌令和2年4月に開学した。

目標

専門職大学および同短期大学部の新設に際しては、二つの人材育成の目標を掲げた。一つは、農業・林業・畜産業に必要な生産技術に加えて、加工、流通、販売がわかり経営までできる人材を輩出すること。農林業を支えるためには、業として成り立たせる必要があり、そのためには栽培技術・生産技術だけでは足りない。良いものを作ったからといって売れるわけではなかろう。そこには、栽培技術と経営マインドを繋げることが必要となるというのが目標1の考え方である。

もうひとつは、農山村地域の伝統文化や環境を守りながら、地域を支えるリーダーとなる人材を育てることである。農林業が地域との関連が深いことは言うまでもない。野菜の栽培にせよ、林業にせよ生産活動そのものが地域コミュニティーとの関係抜きには語れないのだ。食文化や住まい方の文化をよく知ることが重要であるし、環境を意識することは農林業にとって必須である。環境活動そのものであると言っても過言ではなかろう。

まとめると、「経営者」と「地域のリーダー」を育てたいと言っている。高い目標を設定した。「足がつりそうなほど高い目標だが、認可をもらうためか」と問われたことがある。否、言葉の遊びではない。

私達は真剣に考えた結果、この二つが必要だと結論づけた。たしかに、経営マインドを育てること、リーダーを育てることは難しい課題であるが、農林業の将来を託す若者の教育の場として、この目標を掲げてチャレンジすることを決意した。

指導者、後継者、そして経営者へ

本学の前身は静岡県立農林大学校で、全国に40以上ある公立の農業系専門学校の一つである。その歴史は古い。明治政府は明治26年、国立の農事試験場を設立する際に見習生という制度を導入した。農業技術者の育成制度である。その後、明治32年に、各府県に農事試験場の設置を促す国庫補助制度を制定した。これにより各地に県立あるいは府立の農事試験場が置かれ始めた。国が先に試験場を立上げ、6年後から府県に広げたのだ。静岡ではいち早く、政府の方針に呼応して試験場を開設した。明治33年のことであった。その際、国に倣って見習生制度を導入し、農業技術者・農事改良指導者の育成を始めた。これが本学の起源となる。

明治政府の行った見習生制度は「農事に関する学芸・実務に精通した実務者の養成」を謳っている。ここでいう学芸とは学問すなわち科学のことであり、実務とは技術とその応用力のことである。当時の資料からは農業技術者を指導者として育てようとしたことが理解できる。まだ国内の教育制度が整備される前のことであり、今でいえば大学院レベルの教育に相当するだろう。

この見習生制度は、時代の要請に応じつつ、「講習」、「養成」、「研修」などと名を変えて明治、大正、昭和と引き継がれてきた。昭和49年には農業短期大学校と名称を新たにし、平成11年に農林大学校となった。また、平成17年には専修学校専門課程として認められている。明治に始まった技術者・指導者の人材育成機能は教育制度の進展とともに農家の後継者の育成へと変化した。高校進学率が上昇し、それに引き続いて大学への進学も増加して、中等教育および高等教育の様相が戦後大きく変化した。高度経済成長の時代には産業構造が大きく変わり、農林業を取り巻く社会環境は大きく変化してきたのである。

本学の設立に当たって農林業に求められるものは何かを問い直した。栽培技術、生産技術に加えて、加工、流通、販売そして経営のできる人が必要だろうと結論付けたのである。明治33年に始まった人材育成の歴史は脈々と引き継がれてきているが、目標は変わりつつある。「指導者」から「後継者」、そして「経営者」と変化したと言えよう。

二　そもそも専門職大学とは

専門職大学の特徴は「高度な実践力」と「豊かな創造力」の育成と謳われている。優れた専門技能をもって、新たな価値を創造することができる職業人材の養成が求められるなか、２０１７年に制度化された新しいタイプの大学である。ファッション、国際、ＩＴ、医療、看護、観光など対象分野は幅広く、あらゆる産業を対象としていると言ってよいだろう。２０１９年に3大学が新設され、２０２０年８大学、２０２１年6大学と、数を増やしつつある。本学はその中にあって、全国初の農林業系の専門職大学である。

専門職大学制度の創設は55年ぶりの大学制度改革である。なにが55年ぶりかというと、短期大学が制度化されて以来ということになる。１９５０年に暫定制度とされていた短期大学制度は、１９６４年に学校教育法が改正され、制度が恒久化された。それ以来の大きな制度改革であると言っている。長いこと大学制度は手を付けられていなかったが、２０１７年に久しぶりに動きを見せたのだ。これは大きな変化の始まりかもしれないとの意を込め「55年ぶり」と喧伝されている。

特徴の一つとして文科省は「高度な実践力」と表現しているが、筆者はこれを高等教育における職業教育と読み替えている。すなわち大学教育で職業教育・実践教育をどのように行うべきかが問われているものと理解している。また二つ目の特徴の「豊かな創造力」とは、本学の目標に照らして言うならば、栽培技術に加えて経営のマインドが必要だろうし、地域の伝統文化や環境を理解したうえでプロフェッショナルとして活躍する力を養ってほしい、と翻訳している。

制度化のいきさつ

専門職大学と専門職短期大学の制度はいつ決められたのか。その経緯は、突然であるが必然であるように見える。

専門職大学制度化の根拠は平成27年6月に閣議決定された「『日本再興戦略』改訂２０１５」にあると筆者は理解している。政府文書の項目を上から降りていくと、「未来投資による生産性革命」に始まり、「個人の潜在力の徹底的な磨上げ」、「変革の時代に備えた人材力の強化」と下りていき、「雇用と教育の一体的改革」の中で「実践的な職業教育を行う新たな高等教育機関を制度化する」ことを明示した。

この文書は、2019年の開学に向けた制度化を命じている。また、「これからの時代を担う『職業人としてのプロ』の育成を促していく」と述べているが、これが人材育成を教育的にとらえているのか、あるいは労働力の質の向上を求めているのか、政府の文書は理解しがたい面もある。いずれにせよ、制度を動かすためにはこれくらいの強制力が必要だったのかもしれない。突然と感じるのは、職業教育の重要性や制度に関する論議が専門家の間で継続されているにもかかわらず、その結論を待つことなく制度化が決められたように映るからだ。

中央教育審議会の答申（2011年）「今後の学校におけるキャリア教育・職業教育の在り方について」では、職業実践的な教育に特化した枠組みの整備について、「高等教育における職業教育を充実させるための方策の一つとして」と述べるにとどまっている。案の一つだと言っているわけだ。また、その後に設置された「実践的な職業教育を行う新たな高等教育機関の制度化に関する有識者会議」の第12回議事録（2015年3月）をみても、結論には至っているようには見えない。むしろ、職業教育の難しさを感じさせる意見が披歴されている。

こうしてみると、突然、政治主導で決められた感は否めない。2015年の3月に結論が出ていないものを、同年6月には決定しているのだから。しかし、日本の大学教育が職業教育の面で課題を抱えていたことは事実であり、専門職大学制度の創設は必然だったと考える方が自然ではなかろうか。

専門職大学制度化の論点

制度化に際しては、高等教育や職業教育を研究テーマとする学者や識者の間で結論がでない状況のもと、政府主導で制度化が決定されたと理解している。前述の通りである。このことは、大学運営を担当する我々の手法が、結果として教育論に対する回答事例を示すことになるのではないか。つまり、結論の出ていない問いに答えを出すことが我々に求められていて、重い宿題を頂いた感がある。

さて、一番大きな論点は、その道の専門家を育てるとしても「どこまで枠にはめるか」ということだろう。優れた専門技能を身につけることは、その人の将来を狭める懸念があるからだ。少し古い話だが、2011年にニューヨークタイムズで紹介された米国の研究者C・デビッドソンの論は日本の教育界や政府文書でも紹介された。「2011年にアメリカの小学校に入学した子どもたちの65％は、大学卒業時に今は存在していない職業に就くだろう」というもので、職業教育の難しさを語るときに引用される。これはIT関連の業種が刻々変化する状況のもとでの発言であることに留意すべきであるとは思うが、社会の変化に対応する能力の必要性は教育の本質だと主張しているように聞こえる。

筆者が小学生から大学生になったころ、1960年から1975年の15年間を振り返ってみよう。この時代、農業を主な業とする人の数（基幹的農業従事者数）がおよそ1200万人から500万人まで、すなわち700万人も減り半分以下になった。多くの若者が農業から離れていった。行先は会社員が多く、銀行、教員、公務員など様々な方向に広がりをみせた。高度経済成長期の特殊な出来事であるといえばそれまでだが、産業構造の変化は時に大規模に生じる事例と言えるかもしれない。「高度な実践力」と「豊かな創造力」が専門職大学の謳い文句だが、後者は時代の変化に対応する力を養うことも含んだふくよかな言葉である。

三　専門職大学の特徴

不要論

専門職大学の創設について、あるいは高等教育における職業教育の在りようについては様々な論議がなされてきた。新しい制度が不要であると明言しないまでも、いくつかの課題がありそれを解決する必要があると述べている。これを不要論と捉えた方が、大学運営には参考になるものと考えている。具体的には、①そもそも大学である必要があるのか、②修業年限は2年か4年か、③目標とする資質や能力は、④大学と同様に学術性を求めるのか、⑤職業教育を行う教員の資質は、などである。

①については、筆者は二つの意味があると思う。一つは、現行の大学が最近ではキャリア教育を充実させつつあるし専門職を意識した人材育成を行えばよい。今の大学が変わればよい。新しく作る必要があるのか、いや無かろうという意。他方は、現在職業教育を担っている専門学校が、学校教育法第一条が規定する大学になることを望んできた経緯がある。これにどう応えるのかという意。後者は大学教育と職業教育は別物だという意を包含しているように思える。

第二の修業年限の問いは奥が深い。現行の大学教育と職業教育が別の制度であると仮定すると、職業教育を担っているのは、高専（高等専門学校）や専門学校ということができる。高専は約60校あり1万人強が入学し、専門学校は約3000校あり27万人ほどが毎年入学している。前者は中学卒業後5年間、後者は高校卒業後おおむね2年であり、年限は短大と同じ。すなわち、短大までの職業教育は経験があるが、4年制大学は如何なものか。そんなに長いこと特定の職業教育をやってよいのかという論である。

専門職大学は、短大は認めてもよいが四年制の専門職大学は不要だと言っているようにも聞こえる。ここでは話の流れで「おおむね2年」と述べたが、看護師、理学療養士をはじめ3年制も多数あることを付記したい。余談だが、筆者は、修士課程も必要だと考えている。

学生が身につけるべき資質や能力③は専門職大学の関係者が常に自問自答すべき課題だ。本学でも、設置審の申請資料に記載した内容を講義、実習、演習に具体化する際に大いに揉んだ。同じ農業系の中にあっても、栽培と畜産と林業では違いがあるし、栽培の中でも野菜、お茶、果樹と花では卒業後の進路は異なり分野によって求められるものが違うというのだ。また、10年、20年、30年と時代とともに求められる資質は変化するであろう。時間軸を考慮した設計が必要であると思う。

学術性④は、大学に必須のものであるが職業教育の機関が研究を担えるのか、と問うている。これは、職業教育を行う教員（実務家教員）の定義⑤とも関連する。突きつめると、実務家教員は研究ができるのか、演習・実習には時間がかかり研究の時間が保証できるのかと問うているようだ。専門職大学が動き始めて、筆者はこの件について手ごたえを感じている。たしかに、教員集団に占める基礎研究派教員の比率は低くなるかもしれないが、実務に近いところにも面白い研究テーマは有るものだ。基礎に近いテーマを高く評価し、実用に近い分野を低く見る傾向こそ問題なのではないか。

さて、実務家教員の資質や定義⑤はまだ固まっていない。設置の際に認定された教員がその定義を満たしていると主張することはできる。大学院の制度として先にスタートした専門職大学院の実務家教員の実績が参考になるかもしれないが、専門職大学については、大学が独自に教員選考の実績を積むまでの課題として残るだろう。アフターケア（設置計画履行状況調査）期間がすぎて、実務家教員の新規採用を行う際の、あるいは内部昇格を進める際の具体的な基準が回答となるように思う。

教育の特徴

「『日本再興戦略』改訂　２０１５」の後、中央教育審議会において総会直属の特別部会（実践的な職業教育を行う新たな高等教育機関の制度化に関する特別部会）を設置して制度化することを前提とした審議が行われた。その結果として平成28年5月に出された答申（中央教育審議会　２０１６）が専門職大学制度の骨格を示した。制度化に関する疑問、不要論を考慮したうえで回答に盛り込まれているとみることができる。この答申をもとに制度化がすすめられ、専門職大学等制度は２０１７年5月24日の学校教育法の改正により誕生した。さて、そうしてできた専門職大学の特徴は5つにまとめられている。一、授業の３分の１以上は実習・実技、二、理論と実践をバランスよく学ぶ、三、長期の企業内実習で現場を体験できる、四、他分野も学べ、応用力が身に付く、五、学位がとれる。

大学であるべきかどうかと修業年限については明確に回答が出た。すなわち、大学であり学位が授与される。修業年限は短大とともに4年制を制度化した。話は少しそれるが、短大と4大の他に「専門職学部・学科」も制度化されている。これは、既存の大学が専門職の学部あるいは学科を持つことを可能したものである。専門職大学制度を作らずとも、既存の制度の中で職業教育は対応できるし、その方が効率的だ、との論に応えているようだ。学部の一部を変えるのであれば専門職学科となり、大学の中に学部として作ることもできる。

令和3年度には名古屋産業大学が経営専門職学科を持った実績があるものの、農学系を考えたとき、例えば国立大学の農学部が組織改編して専門職学科を持つ方向に動くかというと、否であろう。職業教育の重要性を認識しているとしても、現状では大学間の競争や研究力強化に忙しく、「実学」に本格参戦する度胸はないものと思う。

目標とする資質や能力をどう担保するか、またその基準については、厳しめに設計されたと感じている。教育の質が高く保たれているという意味で「厳しめに」と言っている。実習・演習が授業の3分の1以上というのは、大学関係者には驚きの数字であろう。講義の1単位に対して実習の1単位は、授業時間数（コマ数）で2～3倍の違いがあるからだ。また、各授業科目は40人以下とすることが義務付けられている。本学の短大は定員が100名なので、一つの授業は3本の授業として実施している。一コマ200人の講義などもってのほかである。

これでは「学生も大変だし、教員も大変だ」と普通の大学教育に慣れた先生方からは聞こえてきそうだ。たしかにそのように見えるかもしれないが、実態は違っている。学生は熱心に勉強している。実習や講義を通して学生がしっかり勉強するのは「大変」ではなく、そもそも、当たり前のことなのではないか。教員の「負担」も多いのかもしれない。しかし、多くの若者の中から、職業意識を早めに獲得した学生が入学してきている。目的意識をしっかり持った学生を教えることは、これまでの大学教育の実感とは明らかに何かが違っている。最近の学生が、そして保護者の意向もそうなのだが、職業選択を先延ばしする傾向があるなか、職業を考え選ぶこと、人生設計を考えることを自覚した学生の教育に当たること、これが専門職大学の特徴であると思う。

新しい制度は動き始めたところであり、教育の質を見極めるには時間が必要だ。制度評価のポイントは、学生が大学教育を通してどれだけ力をつけたかにあると思う。「どこの大学に入ったか」ではなく、「どれだけ実力をつけたか」が評価されることが重要である。専門職大学の教育の特徴はここにあると考えている。

職業教育

専門職大学の特徴として「高度な実践力」と「豊かな創造力」が謳われている。この言葉は、「大学で行う職業教育はどうあるべきかを関係者はよく考えるように、これまでにない制度を動かすのだから」、と問いかけられているように響く。では、その職業教育とは何か。

そもそも筆者に職業教育一般を論ずる力はない。ここで拠りどころとしているのは金子元久先生の論文（金子　2016）と寺田盛紀先生の著書（寺田　2009）。加えて、ナント（フランス）のグランゼコールおよびザルツブルク（オーストリア）の専門大学との間で行った学生交流の経験と、その時感じた日本との制度の違いなどである。また、2016年にベルリンで開催された「日独共同学長シンポジウム」とパリ開催の「日仏高等教育改革シンポジウム」での教育論議は大変刺激になったし参考になっている。

欧州では「複線型」の教育が行われ、日本は「単線型」あるいはその変形と言われている（金子元久2016）。フランスでは大学と並行してグランゼコールがあり、工学や農学など技術系の学生はグランゼコールに行く。行政、経済や防衛の分野の学生もこちらに行く。大統領もグランゼコール出身なので政治家志望も同様かもしれない。グランゼコールに進むには、先ず準備級に入って入試に向けた準備をしてから進学する。「大学より大変そうだ」という表現は正しくないかもしれないが、デュアル、すなわち並行する別の教育制度として機能している。

ドイツでは大学と専門大学（Fachhochschule）がフランスと同様にデュアルな制度として動いている。筆者が交流経験のあるザルツブルク専門大学は英名をUniversity of Applied Scienceと名のっている。応用科学か科学技術という響きがある。ドイツ語圏にありドイツと類似の制度である。専門大学の頭文字をとってFHも使っている。日本では会社に入ってから受験する各種の資格を、学生は在学中に取得するなど、産業界とのつながりが強い。教員も実務経験5年が必要となっていて採用条件が日本とはやや異なる。実務（技能）も教えられるということだろうが、筆者の友人は国際学会でもバリバリの研究者として活躍している。

前述の「日独共同学長シンポジウム」の折、ドイツの学長が「大学の目的は人格形成であり、学生の就職のことは考えない」ということを主張されていた。もっともな論であり、本来、正しいのかもしれない。しかし日本では、国立でもけっこう高い授業料を取っているし、保護者は大学卒業イコール就職を期待しているので、人格形成だけというわけにはいかないだろう。

さて、欧州では大学と職業教育が複線で動いていることを理解した。この制度をそのまま日本に持ち込むのは無理があることは承知している。しかし、我々が専門職大学の姿、すなわち高等教育における職業教育の在り方を考える際に参考になることは間違いない。前述の中教審特別部会の報告では、職業教育（技能等の教育）については、明確な制度上の位置づけがないこと、さらにわが国では「職業教育が低く見られていること」を制度設計の前提として指摘している。したがって欧州の事例からは、職業教育の位置づけを学ぶことが肝要だろう。

専門職大学の制度化は、日本の高等教育を複線型に導こうとしているというのは言い過ぎかもしれない。高等教育の在り方が簡単に変わるとは思えないからだ。しかし、その方向に一歩踏み出したことは事実である。このことは、複線型か単線型かの論ではなく、職業教育の社会的な評価を高められるかどうかを課題としている。世の中が我々の存在を認めるかどうかの勝負に一歩踏み出したもの考えている。また、「職業教育の評価を高めることを、専門職大学は実績を持って示せ」と問われているようにも感じている。

四　農学がわすれてきたもの

農学部には農学科、林学科、畜産学科、水産学科、農芸化学科などの学科がある。本書で「農学」というときは、農学部の農の意味で使っている。すなわち、農業、林業、畜産業、水産業などを広くカバーした「農」である。

本学は一学科だが三つのコースを持っていて、栽培、林業、畜産と呼ぶ。狭義の「農」を「栽培」と置き換えることで、広義と狭義の混乱を避けようとしているのだ。さらに、農林環境専門職大学の英名Shizuoka Professional University of Agricultureでは、栽培＋林業＋畜産＋環境をAgriculture一単語に置き換えている。「農」の持つ意味は広い。さて、本学は全国初の農林系の専門職大学となった。専門職大学そのものの知名度が低いこともあって、既存の大学の農学部と何が違うのかを問われることが多い。そんな時には、「農学が生命科学へと変化するなか、最近の大学は研究重視で、後継者育成機能が低下しているとは思いませんか」と応えている。

農学と農学教育は平成に入ったころから大きく変化したと感じている。農業、林業、水産業、畜産業などの第一次産業に重点をおいた従来の農学から、生命・食料・資源・環境などをキーワードとする先端的な応用科学へと変わってきた。研究面においても横への広がりを見せた。たとえば、遺伝子レベルでの研究手法では野菜も魚も家畜も区別はない。科学技術の進歩、手法の共通化は農学研究を縦割りから横断的な方向へ変化する流れを生んだ。同時に、例えば畜産学では食糧生産から生命科学へ関心が動き、林学において木材生産から環境科学へ研究者の関心が移った。このように、農学部教員の多くはより「科学的」な研究を目指すようになったのである。

したがって教育も、生産物ごとの縦割りから横への広がりを見せた。生産物ごとに細分化された専門教育から、食料問題や資源・環境問題を解決できる人材の養成が求められるようになるなど、縦割りから横断型の教育が求められたのである。ちょうどこの頃だと思うが、農学部は組織改編とともに名称を変えることを始めた。生物資源、生命農学とか応用生物など。学部名だけでなく、学科名も変わり外から分かりにくい状況が続いたが、そこには農学そのものの変化が背景にあった。

学術の中で

学術の中における農学の位置づけも大きく変化したと受け止めている。かつて日本学術会議が七部制を敷いていた当時、農学は「文・法・経・理・工・農・医」の第六部として存在を認められていた。第六部という枠組みに守られて温存されていたと言うべきかもしれない。守られていたとは、産業全体に占める農林水産業の比率が小さくなるなかにおいても、学術関連の定員数など一定の枠組みが維持されていたという意である。

そうした状況のもと、2005年の制度改革では、七部制から［人文・社会科学］、［生命科学］、［理学・工学］の三部制に移行した。農学の研究者は概ね第二部の生命科学に属することになったが、このことは大きな意味を持つ。生命科学を標榜することは、農学が科学の一員として評価が高まったことを反映していると歓迎する意見がある。たしかに、海外でも農学部がLife Science & Technologyなどと呼称を変える事例があるなど、この方向が時流であろう。しかしながら一方で、医学系と同一グループに配されることは、より質の高い研究をする必要に迫られ、研究重視の傾向に拍車をかけることとなった。2004年の国立大学の法人化も同様であり、研究力強化を志向する傾向が強まり、農学教育の在り方に大きな影響を与えたと言えよう。教員は質の高い研究を行うこと、すなわち良質の論文を書くことと、同時にそれを支えるための研究資金の獲得を主要な業務とするようになった、そうせざるを得ない状況に追い込まれたとも言える。研究力重視を否定する意図はない。筆者自身も研究グループの研究費を得るために頑張ってきたつもりだから。ただし、研究重視の姿勢は、結果として農場や演習林で行われる実学を軽視することにつながることを忘れてはならない。

実学教育の変化

昭和の時代の農学部は、特に地方大学の農学部は今から振り返ればのんびりしていた。化学系の先生はラボで忙しそうにしていたが、他の分野はどこも全般にゆったりしていて、論文を年に一本投稿すれば優秀と言われた時代だ。教員は研究よりも学生の教育に力を注いでいたように思う。学生の実験、実習、演習を丁寧にやっていたし、その準備にも多くの時間を割いていた。「実験や実習で鍛えられた学生が社会に出て活躍しているのだ」とやり甲斐とともに喜びをもって語り合っていた。夕方一杯やりながら。

そうした環境は、平成に入ったころから大きく変わってきた。ちょうど、農学部が名称を変えることを検討し、学科名も抽象的なものに変わり始めたころである。科学技術の進歩に伴って農学関連の研究手法が変化したこともあり、あわせて、大学間、学部間などもろもろが競争的になってきたことが背景にある。また、地方国立大学の農学部に連合大学院制度が適用され、博士課程の学生を抱えるようになったのもこの頃だ。農学部は牧歌的な集団から研究する集団へと変化してきたように見える。大学独法化の後は、さらに研究で競う集団に変化しようとしていた。

学部、修士に、博士課程の指導があり社会貢献が求められるなど、教員も忙しくなった。予算がつくようになったので、複数の教員が担当して丁寧にやっていた実験や実習を、教員一人を残して学生のRAやTAに分担させるなど、変化も見られた。時間数も減ったのではないか。農場実習や演習林実習などで培われるべき実践力を養う教育は、このような状況のもと、相対的におろそかになっていく。研究重視と人材育成のバランスはどうなっているのか。筆者は農学分野しか見えていないが、おそらくこの現象は大学教育全体に共通するのではないかと感じている。

この様な背景のもと、「実践的な職業教育を行う新たな高等教育機関を制度化する」論議が進められ、専門職大学の制度化が実現し、我々がその一翼として農林業分野を担当することになったものと思う。

上述の思いのもと、「農林業の魅力と専門職大学」を上梓するに至った。本書は三部で構成されている。農林業をめぐる「教育」、「ビジネス」、「地域」について各部で論じた。新たに開学した農林業系の専門職大学の特徴を知っていただきたく、また、本学のもつ研究テーマと人材育成の特徴を紹介させて頂きたく、教員が分担して執筆を進めた。第一部の「教育」では、農林業経営、農業階梯、食と健康、ICT教育を取り上げた。第二部の農林業ビジネスでは、静岡の特徴を意識してメロン、イチゴと林業、畜産を章として立てた。さて、農林業は栽培生産行為そのものが地域と深いかかわりがあることは論を俟たない。第三部では幅広い論点の中から、在来作物、地域社会との関わり、農福連携を取り上げ、最後に本学の研究と国際交流の特徴を紹介した。

引用・参考文献

中央教育審議会　2016「社会・経済の変化に伴う人材需要に即応した質の高い専門職業人養成のための新たな高等教育機関の制度化について（審議経過報告）」、中央教育審議会特別部会、平成28年3月
金子元久　2016　高等教育システムと職業教育――7か国概観、独立行政法人大学改革支援・学位授与機構編「高等教育における職業教育と学位」、第2号、No.2、1～18
寺田盛紀　2009『日本の職業教育　比較と移行の視点に基づく職業教育学』、晃洋書房

第一部　農林業教育の実際

第一章　これからの農林業経営のプロ

多々良　明夫

２０２０年現在、日本の農業就業者数は１６０万人となり、５年前の２０８万人から48万人減少した（農林水産省　２０２１）。政府は２０３０年の農業就業者数を１４０万人確保と見込んでおり、若者を農業に呼び込み定着させる施策を強化するとしている。後述するように、農林業構造は戦後の食料増産期からかなり変化しており、それに対応する人材の育成が急がれている。我が国の農林業経営者育成は、農業改良助長法に基づき、農林業後継者育成を主な目的として都道府県に設置された農業大学校等で行われ、それぞれ特色ある教育の取り組みを行っているが、ここでは、多様化する農業に対応できる、より高度な農林業経営のプロとして必要な教育について考えてみたい。

一　大規模・法人経営体の増加と多様な経営体の存在

まず、農林業センサスから我が国の農林業の現状を見てみよう。ここ10年で農業経営体は約35パーセント、林業経営体数は75パーセント減少した（**図１**）。一方で、団体経営体数は平成22年（２０１０）の３万６０００経営体から令和２年（２０２０）には３万８０００経営体と、経営体全体に

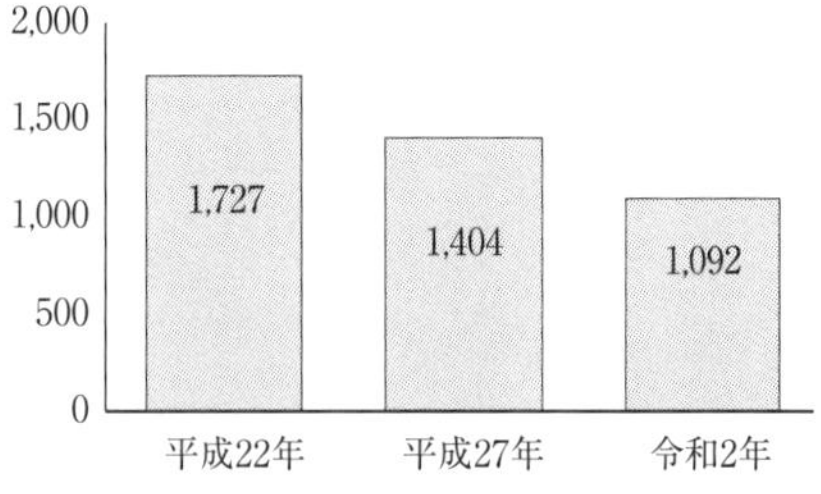

	平成22年	平成27年	令和2年
農林業経営体数	1,727	1,404	1,092

図１　農林業経営体数（農水省、2020）

占める割合は低いものの増加している。さらに、経営規模の大きな経営体が増えている。農業では、10ヘクタール以上の経営体が増加しており、北海道を除くと、50ヘクタール以上の経営体数の伸び率はここ10年で40パーセント近くなっている。その結果、10ヘクタール以上の経営耕地をもつ経営体が耕作する耕地の合計面積は耕地全体の55・6パーセントを占めるまでにもなっている。林業では保有面積が大きい経営体そのものが増えており、令和2年には10ヘクタール以上の保有山林がある林業経営体は全体の半数を超えている。すなわち、農林業では規模の小さな経営体は減少し、規模の大きな経営体の占める割合が高くなっており、法人経営も増えているのである。

農地を所有する法人は**表1**に示した様に、2019年全国で1万9213あり、30年間で5倍に増えている。法人の形態では株式会社が最も多い。また、一般法人の農業参入が容易になり、近年は他産業から農業に参入する会社が多くなっている。農業経営を行う一般法人は2009年のリース方式による参入の全面自由化時に427法人だったのが、2018年には約3300法人まで急増した。1法人あたりの平均借入面積は3ヘクタール（2018年）と従来からの経営体の平均である1・9ヘクタールを上回る。特に大規模な施設野菜に参入するケースが目立つ。参入する法人は農業や食品関連法人を合わせて47パーセントと最も多いが、建設業（10パーセント）や製造業（4パーセント）など多様である。農業参入している企

表1　組織形態別の農地所有適格法人数（農林水産省、2019）

合計	農事組合法人	株式会社	特例有限会社	その他法人
19,213	5,489	6,862	6,277	585
(100%)	(28%)	(36%)	(33%)	(3%)

業の中には、大企業も含まれるが、地域の中小企業が多い。地域の主要産業である農業を支えるため、本業の繁忙期以外の社員の仕事として農業に取り組んでいるケースもあり、59%は借入農地面積が1ヘクタール未満である。

農業経営体の数が減っているとはいえ、9割以上が家族経営であり、その中には大規模経営もある。また販売農家の6割以上が兼業農家であり、中山間地域を中心に規模拡大が難しい条件の下では、小規模・家族経営・兼業農家が農業を支えている。水路掃除や道普請など共同作業が求められるのも農業ならではの特徴であり、大規模経営だけでは農業や農村地域を維持できないというのが実情である。

一方で、都市的地域でも、消費地に近い地の利を活かして、小回りの利く農業経営を行っている例がある。とくに付加価値の高い施設栽培では、小規模でも新規参入が可能となっており、農地制度の改正により、農地の権利取得の下限面積も緩和されてきている。

大規模経営、法人経営が増加はしているものの小規模経営・家族経営・兼業農家が全体に占める割合は現在も高く、多様な経営体が存在している。このような多様な経営体を支える農業経営のプロの育成が急務となっている。

二　農業経営のプロが抱える課題と対策

労働力不足とスマート農業

農地の権利取得により経営面積を拡大すると、人手が足りなくなり、雇用が必要となる。最初はパートタイムの雇用だったものが、経営規模が大きくなると経営者一人では目が行き届かなくなり、正規職員を雇用するようになる。実際に、家族経営でも組織的経営でも常雇いが増加しており、それらの職員への社会保障として、法人あるいは常時５人以上の労働者がいる個人経営であれば労働保険への加入が義務付けられ、社会保険は個人経営が国民健康保険・国民年金、法人経営が健康保険・厚生年金への加入となる。

しかしながら、農業では定植や収穫に労働が集中しているため、短期の雇用労働力確保がより大きな課題となっている。また、栽培管理に技能的な側面が多く、これを引き継ぐことが難しい。その解決策として期待されているのが、ロボット技術やＩＣＴを活用するスマート農業である。

スマート農業とはロボット、ＡＩ（Artificial Intelligence、人工知能）、ＩｏＴ（Internet of Things、モノのインターネット）などの先端技術を活用する農業の事である。具体的には作業の自動化、生産管理記録など情報共有の簡易化、センシングデータや気象データなどのＡＩ解析によるデータの活用などである。規模の大きい経営を目指すのであれば、作業の自動化により一人あたりの作業可能な面積を拡大することが必要となる。例えば、自動走行トラクター、自動運転田植え機、無人草刈りロボットなどである。自動化できない部分には、熟練農業者による技術を短期間で取得する学習支援システムが10品目以上で開発されている。例えばイチゴのパック詰め、リンゴの選定方法などがある。

機器導入のための初期投資であるイニシャルコストとメンテナンス等のランニングコストの大きさが課題であるが、労働力不足との兼ね合いの中で、スマート農業の技術が選択肢の1つとなってきている。まずはどのような先端技術があるかを知り、それらを自分が目指す農業に組み入れるためにはどうしたらいいかを考えなくてはならない。さらに、ドローンや自動トラクターの操作を行うのであれば、講習を受ける必要がある。

消費者ニーズと六次産業化

農業における構造改善がある程度進み始めた半面で、すでに現代社会の消費者ニーズは多様化し、生産力の上昇だけに注力すればよいという状況ではなくなっている。また、流通チャネルの変化は著しく、農協出荷以外の様々な選択肢が広がっている。大規模な経営体においても、いや大規模な経営体であるからこそ、なおさら最終消費までつながることを考えた経営判断を迫られているのである。

実際に加工・外食業者との直接取引やインターネットを活用した直売など販路を多角化する他、農林産物の加工を内部化することによって付加価値を高める取り組みも見られる。農林産物の加工と言っても様々である。農産物はジャム、餅、パン、菓子、ドレッシング、漬物など、畜産物はチーズ、バター、ハム、ソーセージなど、林産物は炭、木酢液、乾燥山菜、樹実類加工など多岐にわたる。あるいは今までなかった加工品も作り出せる可能性がある。

さらに一歩進んだ取り組みとしては六次産業化がある。六次産業とは、「一次産業としての農林業と、二次産業としての製造業、三次産業としての小売業等の事業との総合的かつ一体的な推進を図り、地域資源を活用した負新たな付加価値を生み出す取り組み」と定義されている（六次産業化・地産地消法）。

農林漁業者等が主体となり農林水産物等の生産及びその加工又は販売を一体的に行う事業活動の計画を「総合化事業計画」という。事業計画が農林水産大臣に認定を受けた場合、事業者を「総合化事業計画認定者」といい、様々な支援が受けられる。「総合化事業計画認定者」は２０１１年から２０２１年までの累積で約２６００件、事業内容は加工・販売が68・９パーセントと最も多く、次いで加工だけが18・２パーセントである。対象農産物は野菜が最も多く、次いで果樹、畜産物、米と続く（**図２**）。

農林水産省の調査によると、総合化事業に5年間取り組んだ事業者の74・８パーセントは売上高が増加したとしており、一事業者あたりの付加価値額は平均で４６００万円となっている。このように、六次産業化は経営体の収益を引き上げる効果があり、２０１９年においては農業法人の31パーセントが農産物の加工を行っている。

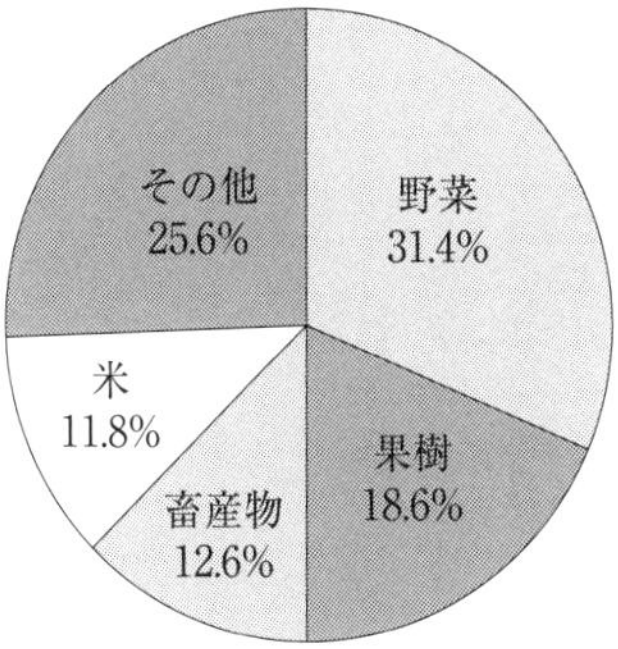

六次産業化を行うためには農林産物の加工に関する知識が必要であり、それに含まれる栄養や機能性に関する基礎知識も備わっていることが望ましい。また、付加価値がつき売上高が増加することだけではなく、コストにも着目しなければいけない。加工や小売りを内部化すれば、当然そのためのコストも加わるわけであり、利益の上昇とイコールではない。加工用の機械を購入して減価償却費や光熱費がかかるよりもＯＥＭで委託費を支払った方がよいのか、それぞれの業種が連携して行う農商工連携であってもよいのである。

野菜 31.4%
果樹 18.6%
畜産物 12.6%
米 11.8%
その他 25.6%

図２　総合化事業計画の対象農産物の割合（農水省、2021）

コト消費とグリーン・ツーリズム

経済発展によりモノ自体は市場にあふれるようになり、その品質の格差だけでは消費者へのアピールが難しくなってきている。コト消費とは体験に価値を見いだす消費のことであり、様々な分野で単に物を購入するモノ消費からコト消費への変化が起きている。このコト消費に関わるグリーン・ツーリズムの取り組みも農業経営が取り組むべき選択肢の1つである。グリーン・ツーリズムとは農村の自然や景観そして農村文化とふれあい、心豊かな暮らしを重視する考え方で、19世紀後半にヨーロッパで始まった。イギリスではルーラル・ツーリズムと呼んでいる。ルーラルとは英語で農村のことである。グリーン・ツーリズムは1980年から1990年代にかけてヨーロッパ全域に広がり、1990年代以降は日本、台湾などの東アジア、その後はタイやインドネシアなどの東南アジアまで広がった。

グリーン・ツーリズムの効果として、経済的効果、社会的効果、環境保全的効果などが挙げられる。日本型のグリーン・ツーリズムの特徴は、ヨーロッパのような滞在型は少なく、直売施設、観光農園や農作業体験など日帰り型のタイプが多いことである。農林業体験には農作業体験、農林産物加工体験、林業体験、生活文化体験、アウトドア・レジャー体験、森林セラピーなど幅広い。経営体のグリーン・ツーリズムへの取り組み方として、農林業が主でその傍ら行うタイプとグリーン・ツーリズム主体で地域の農業や資源を利用するタイプがあろう。どちらにしても、グリーン・ツーリズムは農村地域に人を呼び込み、経済を活性化させる力がある。法人の経営体もグリーン・ツーリズムに乗り出しており、農地を所有する法人の1パーセントが農村滞在型余暇活動を展開している。

農林業が栄えて農村地域が活性化するのが理想である。そのために、これからの農林業経営体は地域の振興等に寄与しなければならない。企業の社会貢献と同じである。それには、農業と地域の歴史について認識しておかなければならない。また、地域が抱える課題とは何かを明らかにするために社会調査が必要なこともあろう。一般的に、グリーン・ツーリズムを行うことにより地域が活性化することが多い。グリーン・ツーリズムには様々な形態があるが、共通していえるのは、来訪者に満足感を持ってもらうことである。満足度の高さにはアクティビティもかなりかかわってくるが、アクティビティを行う環境が心地よいほど満足度が高くなるはずである。過ごしてもらう農村景観や環境の見直しするために、農村景観に関する知識、農山村デザイン、生物多様性といった知識を持った上で農村環境を整備することが肝要である。グリーン・ツーリズムを行わないとしても、自分たちの満足度が高い地域を作り上げることは地域振興につながると考えられる。

グリーン・ツーリズムには、農村や地域資源についての幅広い知識が求められるほか、当然ながら設備投資や接客にかかる人件費のコストを計算して利益をあげていく必要がある。現在の農林業経営のプロが取得しなければならない生産技術以外のスキルの範囲は非常に広いといえる。

三　新たな時代の農業経営の在り方

GAP

視点は変わるが農林業の生産においての生産力以外の側面についても避けては通れない要素である。

食の安全はもちろんとして、地球環境の保全や労働環境の安全性確保などが求められる。これらに対応した農業を行っていこうとするのがＧＡＰである。

ＧＡＰとはGood Agriculture Practice の頭文字を取ったもので、日本語では「適正農業」という意味になる。ＧＡＰは流通・小売業からのアプローチから始まったもので、安全な農産物を作る工程管理という意味合いが強かった。現在では、農作業の安全、持続的な環境保全なども大きな目的となっている。

現在日本国内では多様なＧＡＰ認証が存在しているが、欧州地域への輸出ではＧｒｏｂａｌＧＡＰが求められことになるだろう。輸出を考える大規模経営では避けて通れないハードルとなる。国内でも大手スーパーマーケットなどを中心に、何らかのＧＡＰが求められることがある。

ＧＡＰは、販路の拡大ということだけでなく、それを実施することによる生産工程の管理によるコスト低減、リスク管理などメリットとなることも多い。また、地域のリーダーとなる農林業経営のプロとしては、安全管理に配慮した農業や農地の崩壊防止そして生物多様性保全のために貢献する農業を行わなければならない。これからの農業経営にとってＧＡＰは必須と言える。ＧＡＰに関してはコラムに詳しいが、農水省のガイドラインを元に都道府県が策定した都道府県ＧＡＰがあり、都道府県ＧＡＰは２０２０年３月現在で約１万７５００経営体が取り組んでいる。これからの農業経営のリーダーにとって、経営目標に適合するＧＡＰの認証は備えておくべき資質の一つといえる。

有機農業

有機農業とは有機農業推進法において「化学的に合成された肥料及び農薬を使用しないことならびに

遺伝子組み換え技術を利用しないことを基本として、農業生産に由来する環境への負荷をできる限り低減した農業生産の方法を用いて行われる農業をいう。」と定義されている。農業における自然環境保全の取り組みとしては、有機農業も重要なキーワードとなってくる。「有機農業の推進に関する法律」が２００６年に成立し、法律に基づく「有機農業の推進に関する基本的な方針」が翌２００７年に策定された。２０２０年4月にその方針が改定され、２０３０年の有機農産物の需要が２０１７年の約１・８倍の３２８０億円になると予測し、そのための目標として、２０３０年には有機農業の取り組み面積を２０１７年の約２・７倍となる6万３０００ヘクタールにするとした。

有機農産物を購入する人も増えているが、有機農産物の価格は現在では国産の標準品の１・５〜１・8倍と高い価格で取引されている。今後、有機農産物が増加することを考えると、国産標準品の価格でも見合うくらいのコストを考えなくてはいけない。では、なぜ有機農業を行うのか。有機農業による効果は、①水質汚濁防止、②生物多様性に貢献、③気候変動の抑制と大きいからである。

日本の消費者が有機農産物を購入する理由は、安全だからとする人が圧倒的に多い。一方でヨーロッパでは環境の保護に貢献するからという理由が多い。ＳＤＧｓの考え方が浸透するに従い、環境重視の思考が高まり、より多くの人が有機農産物を購入すると考えられる。平成27年度農林水産情報交流ネットワーク事業による「有機農業を含む環境に配慮した農産物に関する意識・意向調査」によると、生産者が有機栽培または特別栽培を実践している理由は、「消費者の信頼感を高めたい」が39・3パーセントで最も多く、次いで「よりよい農産物を提供したい」が18・2パーセント、以下「地域の環境や地球環境を良くしたい」「勧められた」「農薬・肥料などのコスト低減」がと続く。理由の中には経営に直結する理由と高い志の理由が混じり合っているのが現状である。

農林水産省の調査によると、２０１９年の作物別有機ＪＡＳ認証取得生産量は茶が最も多く、茶全体の６・１パーセント、次いで生産量は少ないが、大豆の０・54パーセント、生産量が最も多い野菜は０・41パーセント、次いで米０・11パーセント、果樹０・１パーセントと続く。いずれも比率としてはまだ少ないが、認証を取得していない有機生産物も同等の割合であるようだ。

農福連携

農業センサスによると、常雇いがいる経営体数は２００５年から２０１８年までに２・３倍となった。農林業の規模が大きくなるに従い、常時雇用が必要となるが、農業の担い手不足は農山村地域のみならず、都市農業でも生じている。一方で、障害者や高齢者は働く場がなかなか見つからない。そこで農業と福祉を繋いで両者の問題を解消するのが農福連携である。障害者が農林業を行うことにより、身体障害者にはリハビリテーション効果、知的障害者にはストレスの発散による生活の安定、精神障害者には精神面でのリハビリテーション効果、発達障害者には精神的な安定とリハビリテーション効果を見込むことが出来る。障害者雇用促進法では、従業員43・５人以上の民間企業に２・３パーセントの障害者雇用率を義務づけており、規模の大きな法人経営の農林業経営体では、そもそも障害者を雇用しなければいけないのである。幸い、国や自治体は農福連携を勧めていて、障害者を雇用しようとする事業者側に交付金が支給される事業や農福連携コーディネーター配置事業など支援は厚い。この農福連携にはいくつかのパターンがあり（静岡県　２０２１）、大きな法人となると障害者雇用促進法の関係で「直接雇用型」を選択することとなる。別のパターンとして、農林業者が障害福祉事業所に障害者が実施可能な作業を委託する「福祉事業所との連携型」がある。更に、障害福祉事業所が自ら農業を行う「福祉完結型」、また、農業者が福祉事業所を設立する事例もある。障害者が作業する場合、障害者の能力に応じるよう作業を細分化する必要がある。また、慣行の作業を障害者が間違えないように改善する必要がある。さらには、作業場所の整え方、作業道具や機械の改良、職場環境・安全対策の見直しを行うなど、農福連携を行うに当たって学んでおくことは多い。

四　必要なスキルを取得するための学び

現代社会の農業経営のプロは、スマート農業のような新しい技術へのアプローチを検討するとともに、生産に注力するだけではなく最終消費まで考えて流通チャネルの選択や商品開発、六次産業化を図る必要がある。

また、国際的にＳＤＧｓの達成が重要視されている中で、農業経営も例外ではない。利益をあげるだけではない自然環境保全、労働安全性の確保、福祉などへの対応が求められている。

これらのスキルをすべて一朝一夕に身につけることはできないが、その基礎を予め学んでおくことの意義は大きい。以上の農業経営の現状を踏まえてプロの育成を行うべく静岡県立農林環境専門職大学および短期大学部のカリキュラムは組まれている。

これらのスキルをどのように身につけるのか。「静岡学」という一風変わった名前の授業があるが、これは県内の様々な産業の経営者から講話を受ける授業である。これにより、経営者としての考え方を学ぶことが出来る。他に経営に関しては、「経営管理論」「経営戦略」「農林業経営学」「農林業の経営組織論」「人材マネージメント」「農と食の企業論」、マーケティングに関しては「マーケティング論」「フードシステム論」、「販売管理実習」、農林産物加工では「食品科学」「木材利用・流通論」「食品流通論」「農と食の健康論」「6次産業化実践論」などの座学と共に「食品加工実習」「木材加工実習」といった実習授業、農村振興に関しては、「農山村田園地域公共学」「農村景観論」「食文化論」「農村社会論」「在来作物学」「グリーン・ツーリズム論」「コミュニティビジネス論」といった座学と「農山村デザイン演習」という実習、GAPに関しては「GAP演習」、スマート農業に関しては「農林業のための先端技術」「大型機械実習」、農福連携に関しては、「医福食農連携論」といった科目が用意されている。言うまでもなく、ベースとなる栽培、畜産、林業に関する技術的科目もそろっている。

しかしながら、上記のスキルは大学内での学びだけでは容易に身につくものではない。専門職大学は制度上600時間（4年制の場合）の企業等での実習が義務づけられ、これを臨地実務実習と称する。静岡県立農林環境専門職大学では4年制では3年次、短大部では2年次に二ヶ月間の「企業実習」を行い、先端的な農林業法人の元で実践的な生産技術を学ぶ、四年制の四年次には一ヶ月間の「経営実習Ⅰ」で生産マネージメントを、同じく一ヶ月間の「経営実習Ⅱ」で加工、流通、販売等を法人化した経営体で学ぶのである。法人は県内でも有数の優良法人にお願いし、実習時も実習先にすべてお任せするのではなく、教員と法人が密接に連絡を取り合って教育効果を高める。また、場合によっては、今まで学んできた総仕上げとして実習先の問題解決に取り組むこともある（キャップストーン・プログラム）。

このような現場における実習を通じて、上記のような高度な実践力を身につけようとするものである。

五　農業経営のプロの資質

最後に、農業経営のプロの資質として、筆者らが考える3つの点（経営理念、マーケティング理論、科学的ものの見方）について述べる。

経営理念

様々な形態の農林業であっても、常に経営の継続と発展について考えておく必要がある。そのベースとなるのは経営理念、目標であり、これらを明確にすることが重要である。もちろん、むやみやたらと成長を目指さない経営もあり得るだろうが、それは信念としての指向であるべきだ。たとえ家族経営であっても、共有する理念と目標は必要であるし、経営体の構成員が多くなるほどそれらの重みは増す。また、経営理念はわかりやすく共感できるものが望ましい。将来目標は高くても構わないが、成長過程あるいはマイルストーンを明確にし、短期的な目標は実現性が見えるものが良いだろう。そのためには、経営と事業における戦略レベルの設定と戦略立案ステップを理解していなくてはならないし、人材マネージメントも学ぶ必要がある。なお、経営理念は経営者自らが考えるものであるが、様々な業界のトップの考え方が参考となるだろう。

マーケティング理論

農産物自体だけでなく、どのような商品を作るか、加工した商品をどう売るか、は販売量を左右する重要な事項である。まずは、ＳＷＯＴ分析*などを活用して環境分析を行い、ターゲティングと商品のポジショニングを設定する。そのためのデータとしてマーケティングリサーチを行うだけでなく消費者心理も考慮しなくてはいけない。その上で商品のコンセプトや形態を決める製品戦略をたて、次にその商品のプロモーション戦略を練るのである。特に加工品はこのようなマーケティング戦略を立てるべきである。もちろん、細部は専門家に任せてもよいのだが、経営者はマーケティングの重要性を認識し、その基礎を知っておくことは最低限必要であろう。

＊ＳＷＯＴ分析とは自らの強み（Strength）、弱み（Weakness）、機会（Opportunity）、脅威（Threat）の頭文字を取ったもので、それらを洗い出すことにより、今後の戦略やビジネス機会を導き出すために行う。

科学的なものの見方

農林業は長年の経験により技術革新がされ、それらが継承されてきた。しかし、それらの上に立つとしても、工芸品のような匠の段階に農林業の生産者が一世代でたどり着くのは不可能に近い。なぜなら、工芸や町工場の匠達は季節に関係なく、何度も同じ物作りの経験が出来て勘が養われる。しかし、農林業では、例えば果樹は1年に1回の経験しか出来ないし、周年栽培の野菜であっても年に12回出来るかどうかだ。しかも、露地だけでなく施設であっても日照や温度、湿度といった自然環境に左右され、同じ環境で1年に何回も作付けできない。また、地形や土壌の違いによっても対応が変わってくる。林業に至っては一生に一回経験できるかどうかという作業もある。すなわち、農林業は経験で匠的な技をつかむのは至極困難なのだ。また、農林業も大規模になると雇用が必要となる。そのため、長年継承されてきた技術を科学的に分析し、技術とすることが重要となる。また、改善の取り組みに関しても、勘に頼るのではなく、そこには科学的なものの見方が重要である。そのためには科学全般の知識を有していなくてはならない。

農業をめぐる環境は急速に変化しており、スマート農業、六次産業化、グリーン・ツーリズム、GAP、有機農業、農福連携など様々なテーマへの対応が求められている。このように多様化する農業に対応するために必要なのが、経営理念、マーケティング理論、科学的ものの見方の3点であり、ここに実践力が加わって高度な農業経営のプロとなると確信している。

引用・参考文献

静岡県経済産業部地域農業課　2021『静岡県農福連携ガイドブック』
農林水産省　2021『2020年農林業センサス結果の概要（確定値）（令和2年2月1日現在）』
https://www.maff.go.jp/j/tokei/kekka_gaiyou/noucen/2020/index.html

コラム1　ＧＡＰ

ＧＡＰ（ギャップ：農業生産工程管理）とは、「Good Agricultural Practices」の頭文字をとった言葉である。これは、食品安全、環境保全、労働安全等のリスク管理を行いつつ、持続可能性な農業生産活動を行う取組であり、これにより農業経営の改善が見込まれることから、全国でＧＡＰが推進されている。

本学では、「ＧＡＰ演習」という授業が必修科目に位置付けられており、二年生になると全員がＧＡＰを学んでいる。また、温室メロンでは国際水準ＧＡＰのグローバルＧＡＰ認証を取得しており、野菜専攻の学生はＧＡＰを実践している。ＧＡＰを学び、体験した多くの学生が生産現場の指導者や生産者になっていくが、これは日本の農業においてとても良いことであり、同様の取組が全国の農業系大学に広がってもらいたいと考えている。

その理由は、近い将来、日本の生産者は、ＧＡＰに取り組むのが当たり前になるとともに、ＧＡＰが日本の農業を大きく変える可能性を秘めているからである。

現在、ＧＡＰ認証を取得した生産者が生産した農畜産物（以下、ＧＡＰ農畜産物とする）は、多くの場面で求められている。東京オリンピック・パラリンピックの選手村では、ＧＡＰ農畜産物のみが食材として取り扱われ、今後も、万博等の国際的なイベントではＧＡＰ農畜産物が優先的に使われるようになることが予想されている。また、国連の「持続可能な開発目標（ＳＤＧｓ）」への関心の高まりとともに、その達成の強力な手段となるＧＡＰについても注目されており、多くの大手食品加工メーカーや大手スーパーでＧＡＰ農畜産物の調達を本格化させ、プライベートブランドの原料にはＧＡＰ農畜産物のみを使用することを公表している企業が多い。さらに、食品加工メーカーでは、食品衛生法の改正によるHACCP導入の完全義務化に伴い、安全が担保された原料を使用しなければならず、GAP農畜産物が更に求められると予想されている。実際、静岡県の大手飲料メーカーでは、ペットボトルの茶の原料に、GAP農畜産物だけを2020年から使用することを決め、そこへ茶を出荷する生産者は全員GAP認証を取得した。これまで、GAP農畜産物は取引先が増えるというメリットがあったが、これからはGAP農畜産物でなければ取引の交渉にも参加できない時代が訪れようとしている。このため、GAP認証を取得する生産者は全国で増加しており、農林水産省の調査では、全国で約三万軒の生産者が何らかのGAP認証を取得している。

このような食品業界、流通業界、生産者の動きがある反面、生産現場ではGAP導入に消極的な生産者が多いことも事実である。「GAP認証をとっても農産物の価格が上がらない」、「記帳が面倒だ」、「GAPをやらなくても、農産物は売れている」「メリットがわからない」等が主な理由だ。

GAPの授業がある大学は、全国の中でまだ少数派である。何らかの授業の中でGAPを説明することがあっても、GAPだけで三〇コマの授業があるのは、宮崎大学と本学しか見当たらない。本学では、毎年、百人以上の学生がGAPを学び、卒業していく。どの学生も農業におけるGAPの必要性を素直に受け入れ、GAPを実践することは当たり前だと考えている。彼らが農業の生産現場でGAPの指導者や実践者として活躍してくれることで、日本の農業は5S（整理・整頓・清掃・清潔・しつけ）の実施と労働環境の改善が図られ、「3K（きつい・汚い・危険）の職場」から「新しい3K（きれい・効率化・稼ぐ）＋安全な職場」に変わっていくであろう。本学の卒業生が農業の生産現場で活躍する十年後が楽しみである。

（杉山　泰之）

第二章　農業階梯における専門職大学の役割――畜産を中心として――

小林　信一

一　新規就農の推移と農業階梯の必要性

農業就業者の現状と非農家出身就農者の増加

わが国の農林業は、食料生産ばかりでなく、国土保全などの環境面でも今後ますます重要な役割を果たすことが期待されている。しかし、担い手の減少、高齢化が進行している。１９９１年に約４５０万人だった農業就業人口は、２０１９年には１６８万人に、そのうち、基幹的農業従事者数は同期間２７８万人から１４０万人にほぼ半減した。しかも、60歳以上が８割を超え、49歳未満はわずか１割の14・８万人に過ぎない。

一方、新規就農者の動向は**図１**の通りだが、２００６年の年間約８万人から２０１０年には約５・５万人に減少し、現在は５万人台で推移している。このうち49歳以下の新規就農者数はほぼ２万人である。新規就農者には、定年退職後の就農者も含めた自営農業就業者と、非農家出身の新規参入者、さらに農業就業人口には含まれない法人経営

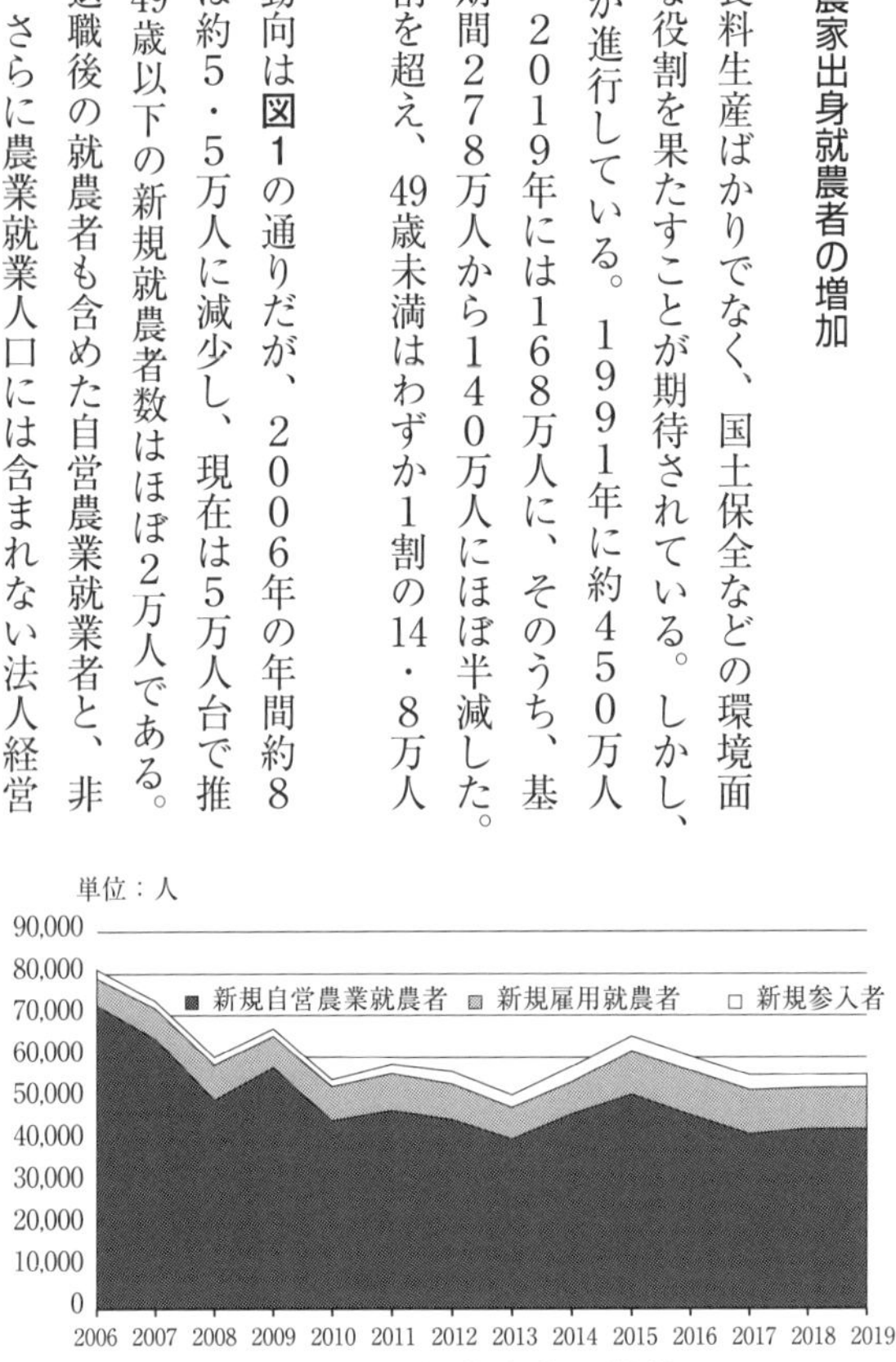

図１　新規就農者数の推移

などへの新規雇用就農者も加えられている。この新規就農者のうち、ほぼ8割を占めるのは新規自営農業就農者だが、新規就農者の減少のほとんどは、この自営農業就農者である。これは団塊の世代の大量定年による帰農が、一段落してきたことを意味すると考えられる。こうした中でも自営農業就農者は4万人以上と、雇用就農者の約1万人、新規参入者の約3千人に比べて大きな割合を占める。しかし、49歳以下では、新規雇用就農者と非農家からの新規参入の合計数が、自営農業就農者数に匹敵するようになっている（**図2**）。2019年では、自営農業就農者9180人に対し、雇用就農者7090人、新規参入者2270人、合計9360人と上回っている。

なお、部門別新規参入者数（2018年度）は、露地野菜作の32・7パーセントが最も多く、施設野菜作の20・7パーセント、果樹作（15・7パーセント）、稲作（13・0パーセント）、畑作（6・2パーセント）、花き作（3・7パーセント）と続き、畜産部門は肉用牛（2・5パーセント）、酪農（1・2パーセント）、養鶏（0・6パーセント）で、養豚は皆無だった。なぜ、畜産部門への新規参入が少ないかの検討は、後述したい。

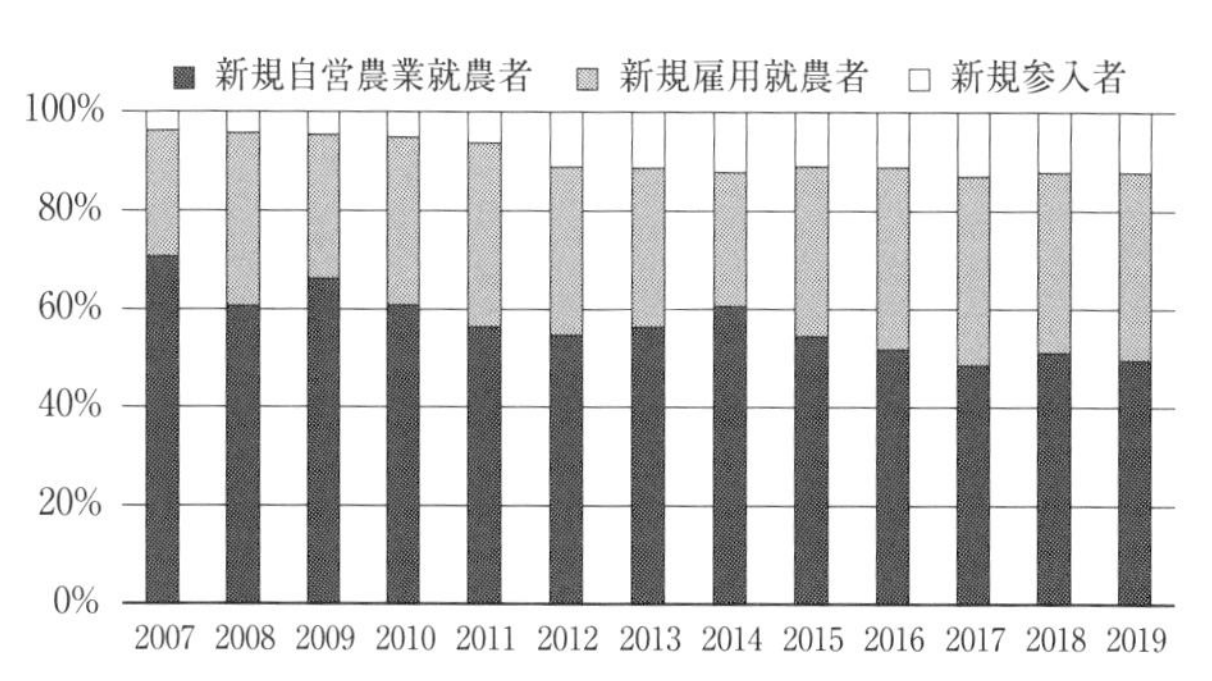

図2　新規就農者（49歳以下）の割合

海外における農業階梯システムと農業階梯整備の必要性

以上のように、これまで連綿と続いてきた家族経営の中での農業後継が、徐々に変化している。非農家出身者の新規参入者や雇用就農者も担い手としての重要度が増している。こうした就農者は、もともと農業とは無縁な環境で育っており、職業選択として農業を選んだことになる。その面からも農業教育や就農に至るステップの整備が非常に重要である。

かつて米国農業では、農業者のライフサイクルを農業階梯として論じられてきた。つまり、農場労働者から小作農を経て、自作農に至る上昇過程を、はしごを一段、一段登っていく様子に擬したものである。「いえ」の相続を伴う農業の継承を基本とする日本とは異なる新大陸農業の特徴と言える。同様に新大陸型の農業を展開するオーストラリアやニュージーランドでは、酪農においてシェアミルカー制度があり、現在も機能している。これは、コントラクトミルカーと呼ばれる搾乳専門の請負契約者や、農場雇用労働者から、シェアミルカーを経て農場主になるという、農業階梯である。シェアミルカーは日本語では分益小作農と翻訳されていたが、農場主と利益を配分する契約を結んだ者のことで、一般的な意味での小作農とは異なる。そのシェアミルカーにも33パーセント、50パーセントシェアミルカー等のようにいくつかの段階がある。この割合は、利益のシェアミルカー側の取り分を表す。つまり、50パーセントシェアミルカーは、農場利益の半分をシェアミルカーが受け取ることになる。50パーセントシェアミルカーでは、農場主は酪農作業には従事せず、農地と搾乳舎などの農地に付随する建物（一般に昼夜放牧形式なので、牛舎はない。）を所有し、一方、シェアミルカー側は、通常の酪農作業を行う他、乳牛や農業機械なども所有する。場合によっては、労働者もシェアミルカーが雇用する。大規模な投資計画や経営方針などについては、農場主と話し合うが、通常の酪農経営は意思決定も含め、シェアミルカー側の責任で行われる。この場合の農場主は、どちらかというと地主に近い存在である。

以上を整理すると、若者が請負搾乳業者、農場労働者から出発し、33パーセントシェアミルカー、50パーセントシェアミルカーを経て自営農場主になり、高齢になるとシェアミルカーと契約する農場主になって、最後は農場をシェアミルカーに売却してリタイアするという、ライフサイクルをも表している。50パーセントシェアミルカーは、一人の農場主と継続的に契約する場合もあるが、より良い条件、あるいはより大規模の農場と契約して、農場を移動することもある。その場合は、自分の牛を連れて農場を移動することになる。農場主側も、経営や技術により優れたシェアミルカーと契約することを希望する。そうしたことから、シェアミルカーは経営力・技術力を磨くことを求められるが、その結果、牛群を大きくして、資金を蓄積することで、自営農場主になる準備を行うことができる。つまり、このシステムが人を育て、新陳代謝を促すものになっている。「いえ」の継承と分ける形で、農業の継承を図るにはこうしたシステム－農業階梯の確立が必要となろう。本稿では、わが国において農家後継者による農業後継という従来のスタイルが徐々に変化している中で、如何にして、こうした農業階梯を作り上げるかを、畜産分野に焦点を当てて検討していきたい。

二　わが国における新規就農制度

農業次世代人材投資資金（旧青年就農給付金）

国は2012年度から将来の農業を担う農業従事者（雇用就農者を含む）を確保するために、青年就農給付金制度を創設した。この制度は、就農前の研修を後押しする資金（準備型（2年以内））と就農直後の経営確立を支援する資金（経営開始型（5年以内））があり、それぞれ年間150万円（夫婦の場合は225万円、開始型4・5年目は120万円）の給付を受けられる。制度の名称は2017年度に、「農業次世代人材投資資金」と変えられたが、内容は基本的に同じままで継続されている。本制度を利用して、多くの新規就農者が生み出されている。初年度の2012年度には、準備型1707人、開始型5108人の合計6815人が給付を受けた（**表1**）。新規採択者は、2019年度までの8年間に準備型が1万1102人、経営開始型は2万2118人の合計3万3220人である。これを出身別に見ると、準備型では6割以上が非農家出身者で、経営開始型では半々だったが、近年は非農家出身者が5割を超えている。前述したように、この資金は多年度交付なので、2019年度に交付を受けているのは、準備型1756人、経営開始型1万0753人となってい

表1　農業次世代人材投資事業交付対象者数（2012〜19年度）

単位：人

		累計数
準備型	非農家	11,157
	農家	6,367
	合計	17,524
経営開始型	非農家	40,974
	農家	40,985
	合計	81,959
新規採択	準備型	11,102
	経営開始型	22,118
	合計	33,220

資料：農水省「農業次世代人材投資事業の交付実績」から作成

る。また、8年間の延べ交付数では、それぞれ1万7524人、8万1959人である。

経営開始型を部門別に見ると、最も多いのは露地野菜と施設野菜でほぼ半数を占めている（**表2**）。畜産はほぼ5パーセントで、水稲・麦類等と同程度である。畜産部門への新規就農数が少ない理由は、小規模養鶏などを除いて、投資額が大きいことが、隘路となっていると考えられる。

表2　部門別経営開始型交付対象者数（2013〜19年度）

単位：人

部　門	累計数
露地野菜	21,016
施設野菜	19,075
果樹	11,700
複合経営	8,924
畜産	3,652
水稲・麦類等	3,500
花き・花木	3,304
その他	5,680
合計	76,851

資料：表1と同じ

農の雇用事業

2008年度からは雇用就農者を確保するために、「農の雇用事業」が始まった。これは、リーマンショックによる雇用対策の面もあったが、雇用者側に原則として2年間にわたり120万円を交付する。これは給与補てんではなく、人材育成研修費助成名目で支払われ、以下の3タイプがある。①雇用就農者育成・独立支援タイプ：法人が新規就業者に対して実施する実践研修を支援（年間最大120万円、最長2年間）、②新法人設立支援タイプ：新規就業者に対する新たな法人設立に向けた研修支援（年間最大120万円、最長4年間（3年目以降年間60万円））、③次世代経営者育成タイプ：法人による従業員等の国内・海外派遣研修支援（年間最大120万円、最長2年間）。

支援の要件は、例えば①の育成・独立支援タイプでは、原則年齢が49歳以下で農業経営経験が5年未満、正規の雇用契約が結ばれていること、次世代人材投資資金の準備型の交付を受けていないことなどである。2019年度の青年就農者数は5319人で、このうち、新たに研修を開始したのは、雇用就農者育成・独立支援タイプ1771人、新法人設立支援タイプ17人、計1788人だった。年齢別では、20代が最も多く（49パーセント）、次いで30代（30パーセント）、40代（13パーセント）、10代（8パーセント）の順で、男女別では男性が78パーセントとなっている。営農類型別では、野菜（37パーセント）、稲作（26パーセント）、畜産（16パーセント）の順だった。

新規就農政策の狙いと効果

こうした雇用就農を含めた新規就農者対策の狙いは、高齢化や減少が著しい農の担い手の確保に他ならないが、国は具体的な目標数値を定めている。つまり、今後の担い手として、2023年までに40万人の確保という目標である。その根拠は、土地利用型作物を基幹的農業従事者1人当たり10ヘクタール耕作して294万ヘクタールに30万人、野菜・果樹・畜産等の主業農家約54万人と法人の基幹的農業従事者約6万人の合計約60万人、合計90万人である。このうち49歳以下の就農者を少なくとも40万人確保するとし、それには毎年2万人の新規就農者が絶対的な必要数と計算した。結果的には、前述したように新規雇用就農者を含め、49歳以下ではほぼ2万人に達している。ただし、離農率を3割とすれば2・8万人必要になり、十分とは言えない。また、最近は2万人を下回っているので、手放しで安心できる状況にはない。しかし、新規就農者の増加に、次世代人材投資資金や農の雇用事業が果たしている役割は大きいとは言えるだろう。

三　畜産部門における新規就農制度

北海道農業公社による農場リース制度

前章で畜産部門への新規参入の難しさを指摘したが、北海道では40年の実績を持つ新規就農制度が北海道農業公社の「農場リース」制度である。この制度は、１９８２年度から開始され、２０２０年度までに４１１の新規酪農場を生み出した（**図３**）。毎年では10農場程度だが、北海道の酪農場数５８４０戸（２０２０年）を考えると少なくはない。

この制度は、公社が離農農家から施設や農地を買取り、整備、改修したうえで新規就農者へ５年間リースし、その後新規就農者に売り渡す仕組みである。新規就農者の条件は、①原則として45歳未満で、夫婦であること、②おおむね２年以上の家畜飼養の経験を有すること、③規模に見合った営農資金を準備できること、などである。酪農への新規就農は、技術的にも資金的にもハードルが高いが、整備された酪農場をリースできることにより、資金的なハー

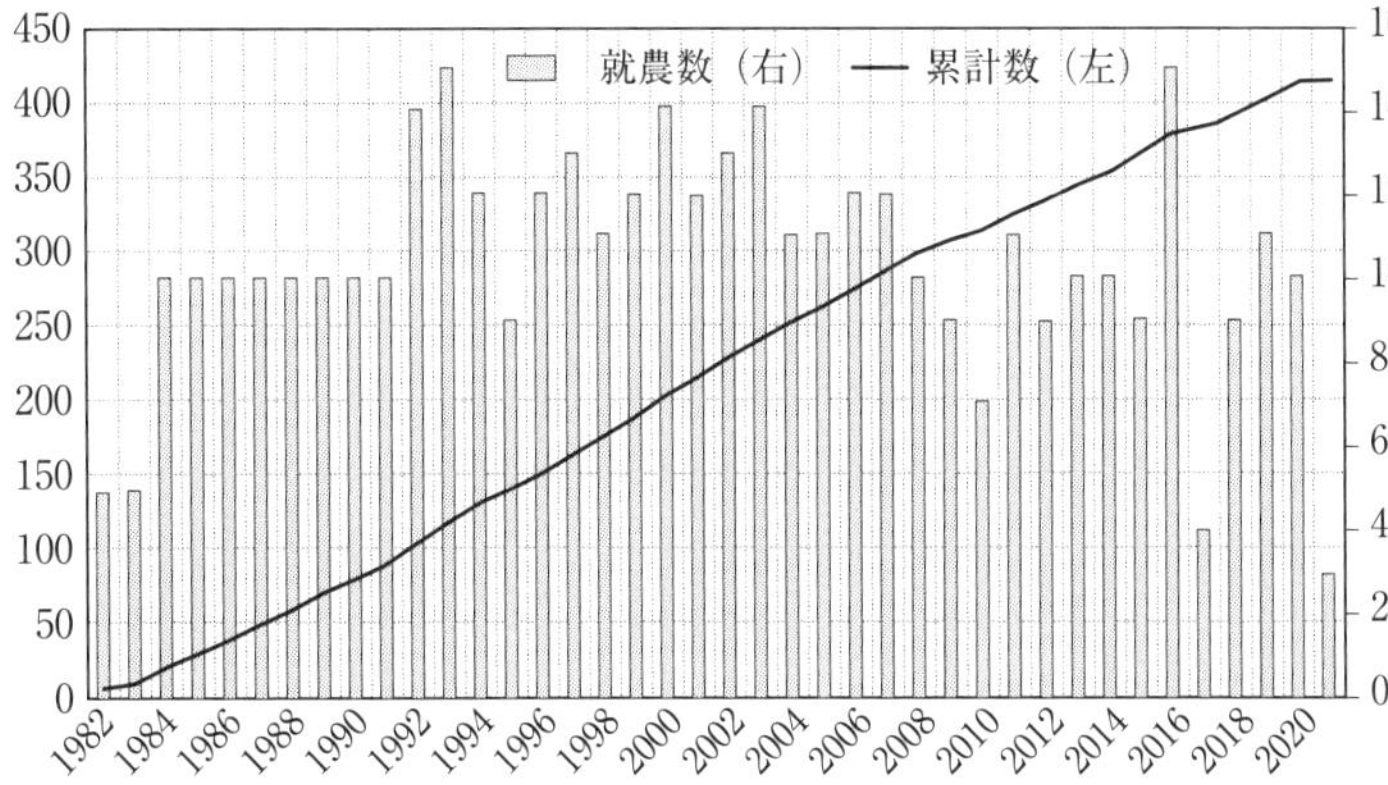

図３　農場リース制度（北海道）による新規就農者数の推移

資料：北海道農業公社から聞き取り

ドルが低くなり、リース期間中に経営のノウハウ習得や資金の蓄積が可能となっている。5年後に借り入れを行い、晴れてオーナーになることができる。

但し、この制度にもいくつかの課題がある。1つは、制度の条件として、受け入れ市町村と農協の推薦が必須とされている点である。従って、農場リース制度を利用する前提として、就農地域での実績が必要とされる。つまり、就農地域以外の非農家出身者にとって、リース農場に到達するまでの階梯が必要とされる。通常は当該地域の酪農家での実習や酪農ヘルパーを経験するというルートが採られる。実際に、酪農ヘルパー経験者による新規就農数は、**表3**のように1994年から2019年までに全国で213人（うち北海道167人）だった。同期間での農場リース制による新規酪農場は282だったので、ヘルパーからの割合はかなり高い。ただし、すべてがリース農場によって就農したわけではないが、リース農場では夫婦での就農が基本で、夫婦ともに酪農ヘルパー経験者であることも考えられる。ともかく、酪農ヘルパーは地域の酪農家を巡回して搾乳作業を行うので、地域の酪農家を知るとともに、新規就農希望者の人となりを知ってもらうことができるメリットがある。

道東における農業階梯を意識した新規就農支援システム

道外を中心とした非農家出身者の新規就農を促進するシステムとして、わが

表3　酪農ヘルパーからの新規就農者

単位：人

	1994～2009	2010	2011	2012	2013	2014	2015	2016	2017	2018	2019	累計
全国	101	8	5	10	8	13	13	19	10	5	21	213
北海道	84	6	3	7	4	9	9	14	8	4	19	167
都府県	17	2	2	3	4	4	4	5	2	1	2	46

資料：酪農ヘルパー全国協会

国最大の酪農地帯である道東の浜中町、別海町では、新規就農者のための研修牧場を自前で作りあげ、実績を上げている。研修牧場では新規就農希望者（原則として夫婦、単身者も可）を研修生として迎え入れ、原則3年間の研修期間中は給与も支給し、実践的な研修を行い、農場リース制度を用いて新規就農者を生み出している。

筆者の前職時代のある卒業生は、千葉県の非農家出身者だったが、卒業後中標津町の酪農ヘルパー会社に就職し、そこで現在のご主人に出会い、別海町の酪農研修牧場で研修し、農家研修も行った後、リース農場制度を利用して別海町での就農を果たした。別海町酪農研修牧場は1996年の創設以来70組以上の新規就農者を生み出している。

また、浜中町では農協が町と1991年に就農者研修牧場を設立したが、公社によるリース農場以外に農協独自のシステムも整備している。つまり、離農した農家から乳牛、施設、農地などを農協が買取り、研修牧場の分場として引き継いだ上で改修整備を行い、新規就農者へ5年程度貸付、その後就農者に売却する方法である。リース料約800万円の半額を浜中町が助成するなどの手厚い支援策もある。

農場リース制度の問題点として、入植初年度はほとんど収入がなく、貯金を取り崩して生活費に充てる必要があるという点が指摘される。これは、乳牛の導入が初年度の後半になり、生乳出荷が順調に進むのが初年度の終わりという制度自体の問題から起きる。離農予定農家で就農予定者が研修あるいは従業員となって、スムーズな継承を図る、いわゆる「居ぬき継承」も検討され、実際に行われてもいた。しかし、このシステムも、離農予定者がなかなか離農しなかったり、離農予定者と就農予定者間の人間関係が悪化したり、あるいは老朽化した施設の改築ができないなどの課題もあり、うまくいったケースばかりではない。初年度の所得不足問題は、次世代人材投資資金により緩和されたが、浜中町では、離農予定牧場を研修牧場分場とすることで、スムーズな継承に繋げる工夫を行っている。

別海町や浜中町は酪農専業地帯のため、酪農家戸数の減少は地域の衰退に直結するという背景が、新規就農者を生み出すことに積極的になる要因でもある。浜中町農協は２００９年に農協出資の（株）酪農王国を設立した。出資者には地域の酪農関連企業も加わっている。企業の従業員を農場従業員として受け入れ、新規就農することを目指している。実際に、すでに出資企業による酪農場が新設され、その責任者は酪農王国の従業員だった者が勤めている。全く新たらしい新規就農者育成方式と言える。こうしたことによって、新規就農者割合は浜中町全酪農家の３割を超えるまでになっている。

ＪＡ畜産経営継承事業

農場リース制度や、浜中町・別海町の研修牧場などは、酪農の新規就農への農業階梯整備の実例と言える。しかし、これらはすべて北海道での事であり、都府県ではこうした農業階梯の整備が進んでいない。北海道でこうしたシステムができた要因は、①北海道では入植以来の歴史が浅く、「家意識」が希薄で、所有地に対する執着心も都府県に比べ薄いこと、②都府県では酪農中止後も、耕種生産や肉牛生産など何らかの農業を継続するケースがほとんどだが、北海道の酪農地帯では酪農を止めることは離農・離村を意味することが多いこと、③農地も都府県のような分散錯圃ではなく、農場としての一定のまとまりを持っていること、④新参者を受け入れるという点で、地域が開放的であること、⑤都府県と比較できないほどの地価水準の低さ等があげられる。こうした北海道の成功の要因は、そのまま都府県における新規参入の難しさの原因にもなっている（小林　２０００）。しかし、都府県酪農の生産基盤の脆弱化は急速に進んでおり、都府県でも第三者継承による生産基盤の維持の必要性が増しており、その認識も高まってきている。

ＪＡ畜産経営継承支援事業は、全農、農林中金、全共連、全中の全国連四団体の資金助成により、経営中止者の土地、施設等を経営継承者が円滑に継承できるように環境整備を行う農協等を支援する事業である。当初は負債によって経営継続が困難な畜産農家の負債問題への対応と、第三者継承によって地域の畜産生産基盤の維持・拡大を図ることが大きな目的だった。しかし、近年は後継者のいない高齢畜産農家の経営継承支援に比重が移っている。一定の条件はあるが、親子間継承も対象になっている。本事業は２００１年度から開始され、これまでに合計３２３件の経営継承の支援が行われた（**表４**）。事業対象は全畜種だが、このうち酪農が最も多い66パーセントを占めている。また、北海道が多いものの、16県で１１５件の継承が行われた。20年間で総事業費88億円、助成額は35億円に上っている。１件当たりの助成額は、約１千万円である。

制度は経営継続が困難な経営の資産を農協が受け継ぎ、それを経営継承希望者に引き継ぐことだが、この間施設の整備や経営継承後の支援、指導助言などへの助成も行う。事業費の46パーセントは農協による家畜導入費、31パーセントが農協購入施設の補修・増築費で、農協による中古機械・器具の購入費・修繕費、リース料（10パーセント）などである。経営継承者への農協職員の助言・指導経費も４億

表４　JA 畜産経営継承支援事業県別・畜種別件数
（2001～2020 年度）

単位：件

県・畜種	酪農	肉牛	養豚	採卵鶏	計
北海道	192	16	0	0	208
都府県	21	59	32	3	115
合　計	213	75	32	3	323

資料：全国農協中央会

7千万円、1案件あたり約145万円になる。

この事業には個別農家の負債整理に農協資金を使うことへの批判もあるが、農協の存立基盤である農家経営の存続にかかわることから事業は継続されている。本事業は、北海道が中心とは言え、都府県の経営継承を支援する画期的な事業と言える。ただし、農協が主体的に第3者継承を進めることが前提となっており、畜産が盛んな地域に限定されるきらいはある。また、当該地域で実績がないと継承者として農協に認められない。その意味で、農業階梯の途中からのシステムと言える。

四　農業階梯整備の試み

日本型畜産経営継承システム

「新たな酪農・乳業対策大綱」（1999年）に、今後の主要な課題として「経営継承の円滑化」があげられ、これを受けて農水省は、「日本型畜産経営継承システム検討委員会」を立ち上げた。筆者もその一員として検討に加わった。畜産部門に特化した経営継承システム検討の必要性は、経営開始のための農地確保、施設・機械整備、家畜導入等の必要資金の大きさなどがあげられた。具体的には、離農跡地を活用した新規就農の促進、後継者のいない経営を第3者に円滑に継承するなどについて具体的に検討を進めた。報告書では、まず新規就農希望者への研修の充実の必要性があげられている（酪農ヘルパー全国協会　1999）。特に、畜産への興味を喚起する「体験実習」から「長期の先進農家研修」や、新規就農準備のための「研修牧場での研修」までのステップアップを図る一貫した研修制度の整備が不可欠とした。また新規就農希望者と経営移譲希望者のマッチングのためのデータベース化や、後継者がいない健全経営の円滑な継承、新規就農を促進するための資金確保の重要性についても指摘されている。

答申後に、前述した北海道リース農場での居ぬき継承制度の導入や、資金については市町村に「青年等就農計画」を提出して認定される「認定新規就農者」に対する無利子・無担保・無保証人の融資制度（現在限度額３７００万円（特認1億円）、17年返済）が設けられている。認定新規就農者は、前述の次世代人材投資資金も受けられるので、新規就農の準備から就農時の資金手当てまでの一連の対応が整備されたことになる。しかし、北海道を除く都府県において、北海道で見られるような農業階梯の仕組みができたとは言い難い状況にある。特に、離農＝離村にはなりにくい都府県農業において、農地の手当てなどをどのようにするかが、隘路になっている。

ＮＰＯ馬頭農村塾

馬頭農村塾は、栃木県那珂川町旧馬頭町の耕作放棄農地約２・５ヘクタールを含む約９ヘクタールの山林農地を、２００９年に地元住民と都市住民が買い取り、２０１１年にＮＰＯとして設立された。その目的は、産廃業者に購入される恐れのあった同地の耕作放棄地再生を図るとともに、農林作業体験や都市・農村交流を行う拠点とし、将来は新規就農者に継承することであった。筆者も当初からこの活動に加わり、前職の研究室で毎年、再生水田での田植え、稲刈り、キウイ摘果、収穫、山林整備などの農林業実習や、卒業研究としてヤギ、ブタ、ウシを利用した耕作放棄地放牧による農地再生実験などを行った。幼稚園や小中高大学生、都市住民による農林業体験や交流会を行い、毎年延べ２００人以上が携わってきた。

２０１５年度にＨ氏夫妻が新規就農者として農村塾と農地の使用貸借契約を結び、入植した。Ｈ氏夫妻は、農村塾理事長のＮ氏が校長を務めた栃木県西那須野町のアジア学院（世界各地の農村指導者養成学校）の卒業生で、2年間の先進農家研修を含め、青年就農者給付金の交付を受け、有機野菜中心の農業経営を行っている。地域の耕作放棄地は増加しており、Ｈ氏に放棄地の再生利用も期待されている。

このようなＮＰＯによる耕作放棄地再生活動と、新規就農者への承継はかつて見られなかった試みで、一般化は難しいかもしれない。しかし、従来の経営継承には見られない特徴点も指摘できる。１つは、耕作放棄地を都市住民が買い取り、新規就農者に譲渡する点、２つ目は、都市住民の会員を抱えるＮＰＯが母体となることで、都市・農村交流を通じた都市からの還流が期待される点、３つ目は、生産物のＮＰＯ会員への直販が可能で、消費者の声を聴くことができ、経営的にもプラスとなるなどの点である。

集落営農

脆弱化が進む都府県農業において、担い手として期待されているものに集落営農組織がある。全国で1万４８３２の組織（２０２０年）があり、約半数が20ヘクタール以上の農地集積を行っている。また法人組織も５４５８と37パーセントを占めている。畜産部門のある割合は明確ではないが、「畜産物を含む生産・販売」を行っている組織が38パーセントある。近年、飼料用イネ、飼料用米の生産が増加しているが、集落営農でも水田を活用した生産が行われている。しかし、畜産農家の減少や地域集中化によって、飼料用イネなどの需要先と生産元が距離的に分離してきている。こうしたことから、集落営農が家畜飼養を行うことが期待されている。新たな収益部門として、肉牛部門を導入し成功を収めている集落営農も存在する。

例えば、山口県山口市のK農事組合法人は山口型レンタルカウ制度を使い、組合所有牛を増加させ、さらに生協や焼き肉チェーン店との連携により和牛部門を組合の基幹的な部門とすることに成功し、新規就農者も迎え入れている。また鳥取県八頭郡の旧村単位の集落営農法人F農場においても、飼料用イネを利用した和牛繁殖部門を立ち上げ、耕作放棄地放牧を行い、新規就農者の受け入れを行っている。このように、都府県を中心に組織化されている集落営農が家畜を取り入れ、経営の立体化を行うことで、新規就農者を生み出すシステムが確立される可能性が生まれている。

五　農業教育と新規就農――静岡県立農林環境専門職大学の役割

新規就農のシステム化――農業階梯の整備に不可欠な事項に、農業教育がある。前章で述べた鳥取の事例でも、新規就農したSさんは、千葉県の非農家出身者で、新規就農者育成のために農協や食品企業などが立ち上げた日本農業経営大学校出身者である。筆者は、彼女が大学校在学時に畜産を教えた縁がある。当時は畜産志望ではなかったが、インターンシップでの経験が、繁殖和牛に結び付けた。

農業高校や農業大学校での非農家出身者割合が増えているが、卒業生の就農や雇用就農が必ずしも多くない状況がある。法人農業経営と農業高校生・農業大学校生を対象とした「畜産への新規就業者の確保・促進事業報告書」（中央畜産会　２０１２）によると、畜産業へ「就職したい」割合はわずか10パーセントで、「就職してもよい」25パーセントを加えても3分の1にとどまった（小林　２０１２）。畜産のイメージは、「きつそう」、「専門知識が必要」、「休みがない」が多く、「楽しそう」、「家族一緒にできる」などプラス評価よりマイナス評価が多かった。報告書では畜産業の魅力アップと関心喚起が課題であり、畜産業に就農した先輩のロールモデルなどによって、畜産業の魅力をＰＲしていく必要があるとしている。

静岡県立農林環境専門職大学の前身である農林大学校の最近の卒業生の就業先は、就農や雇用就農がほぼ半数を占めていた。しかし、この数年は3割にまで減っており、農林関連企業や一般企業の割合が増加している。減少要因の分析が必要だが、専門職大学に期待されているのは、農林業現場で活躍する人材の育成であり、少なくとも半数以上の卒業生をこの分野に送り出したい。専門職大学の特徴は、単位の3分の1以上を実習などが占めるなど実践教育の重視である。しかし、同時に大学と同様に理論を学ぶことにも重きを置いている（祐森ら　２０２１）。

前述の報告書で法人経営からは、「必要な人材とは、飼養管理などの技術面に加え、コスト管理や労務管理等などのマネジメント能力を具えた人材」とされており、まさにそれに答えるものである。さらに専門職大学は、農業階梯の一段階を担うのみでなく、農企業や第3者継承を希望する農家とのマッチングや、就農後のスキルアップのための教育など、県立大の強みを発揮して、農業階梯のすべての段階に目配せできる存在になることが望まれる。達成へのハードルは高いが、やりがいのある目標だろう。

引用・参考文献

小林信一　２０００「地域で取り組む新規参入」『畜産の情報』２０００年5月号　4～12ページ
小林信一　２０１２「畜産における新規就業の現状と課題」『畜産コンサルタント』Vol.48 No.7　12～17ページ
祐森誠司、大塚誠、貞弘恵、小林信一、片山信也、渡邉貴之、青山東、一瀬戸隆弘　２０１１「生産現場で活躍する後継者の育成」『畜産の研究』Vol.75 No.1　55～60ページ
酪農全国ヘルパー協会　１９９９『日本型畜産経営継承システム検討委員会報告書』

コラム2　PCRと家畜伝染病

2021年は新型コロナウイルス感染症（COVID－19）に明け暮れた一年であった。度重なる緊急事態宣言の発令や外出自粛要請、新しい生活様式など、我々の日常生活にも大きな変化が訪れた。新型コロナウイルス感染症の感染拡大にともない、その診断方法である「PCR検査」が身近なものとして広く一般社会に認識されることになった。

PCRとは「Polymerase Chain Reaction」（ポリメラーゼ連鎖反応）の略で、ごく微量のDNAサンプルからターゲットとする特定のDNA断片を短時間に大量に作成する方法である。PCR反応は図に示すように3つのステップを1サイクルとし、これを繰り返すことでDNAを増幅する。反応では検体（鋳型DNA）とDNA増幅に必要な短いDNA鎖（プライマー）、DNAの材料（ヌクレオチド）、それらを結合させる酵素（DNAポリメラーゼ）を混合する。遺伝子は二本鎖のらせん構造をしているが、熱を加えると一本鎖のDNAに分離する。（ステップ1：熱変性）その後温度を下げるとプライマーが結合し（ステップ2：プライマー結合）、DNAポリメラーゼによりDNAの二本鎖が合成される（ステップ3：伸長反応）。プライマーに適合するDNA配列が検体に含まれていれば、DNAは二倍、四倍、八倍とねずみ算式に増えていき、微量の遺伝子も目に見える形で検出できる。このようにPCRを用いると通常の検査ではすり抜けてしまうようなごく微量の病原体を検出し、診断することが可能となる。

このPCR技術は新型コロナウイルスの診断の他にも、動物の病気、特に家畜伝染病の診断においても大きく貢献している。その一つが「高病原性鳥インフルエンザ」である。「高病原性鳥インフルエンザ」はA型インフルエンザウイルスが引き起こす鳥の病気で、鶏に高い致死率を示し、伝播力が非常に強いため、感染拡大を抑え込むには発生した農場の鶏を殺処分せざるを得ない。処分には県の家畜保健衛生所に勤務する家畜防疫員を中心に地元自治体の職員はもちろん、自衛隊、殺処分した鶏を埋設する巨大な穴を掘るために建設業協会なども加わり、夜を徹して行われる。高病原性鳥インフルエンザのように伝播力が強く、病原性が高い感染症では迅速な診断、摘発、淘汰等の対応を求められることから、高精度かつ短時間で判定できるＰＣＲ検査が使用されている。

このようにＰＣＲ技術は基礎研究のみならず臨床遺伝子診断から家畜衛生、さらには食品衛生や犯罪捜査に至るまで幅広い分野で活用され、われわれの生活に浸透している。

（貞弘　恵）

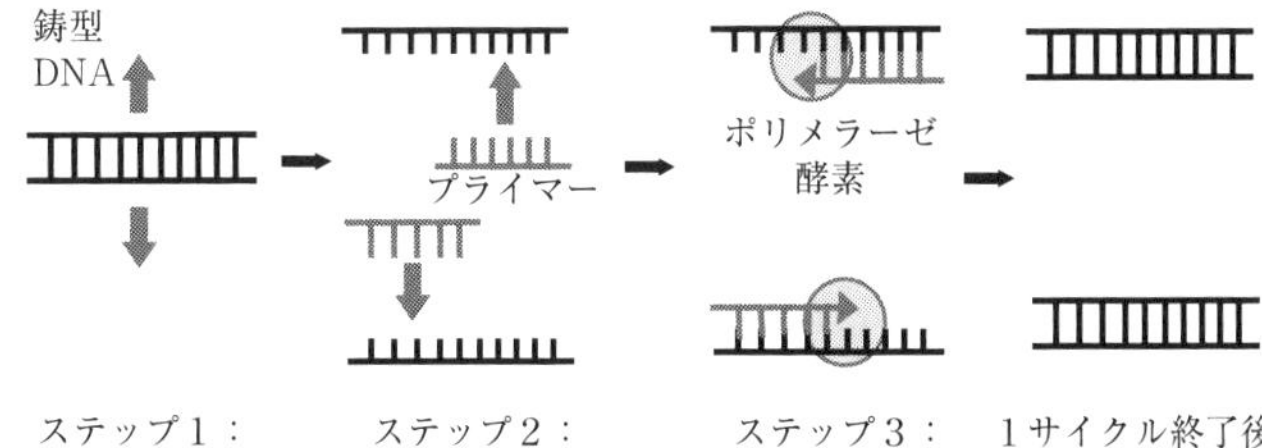

図　PCR反応

第三章　農林業教育としての食と健康

内藤　博敬

一　未来へ向けた人材育成

あなたが子供の頃に描いた未来の絵に中に、畑や田んぼがあっただろうか。ロケットが空を飛び、地上には奇抜なデザインの高層ビル群、人々は宇宙服を身に纏い、チューブの中を自動で移動する乗り物やロボットと共に生活するような絵を描いてはいなかっただろうか。そう、現代は我々昭和に生まれた人々の描いた、銀色の未来なのである。１９９０年代後半から、地球規模での環境問題への関心が高まり、環境科学を専門とする大学・大学院が増えていった。その頃から、子供たちの描く未来の地球の絵にも、動物や植物の姿が見られるようになった。右肩上がりの高度経済成長期は我々に多くの利便性をもたらしたが、一方で多くの負の遺産を先送りしている。我々が成すべきことは、これからの時代に生きる彼らが、少しでも苦しまずにより良い人生を歩めるよう、日本人・地球人としての誇りが持てるよう、銀色と緑色が共存した未来を一緒に考えていくことではないだろうか。高度経済成長期を過ぎ少子高齢化が進む日本だけでなく、先進諸国は人口減少に伴って経済も横ばいから右肩下がりとなっている。そのさなか、新型コロナウイルスの出現によって我々の価値観は図らずも一変させられてしまった。しかしそれはまた、人類の誰もが経験したことの無い時代を生きる術を構築するチャンスを得たとも言えよう。経済成長を進める国々と協働しつつ、かつて夢見た銀色の未来と、様々な環境問題を経験して想像する緑色の未来をバランス良く混在させた未来がそこにある。

未来であれ過去であれ、我々人間は今と変わらず眠り、呼吸をし、食事を摂って排泄する。我々が未来の世界でも存在するためには、健康に暮らすための環境と、栄養や医薬品の源となる農林畜水産の発展が必要不可欠であることに変わりはない。こうした視点からも、本学の設立意義は社会的重要性が高いと言えよう。少子高齢化が進む日本において、文科省が大学設置認可を下すのは、国力増強を意図した未来を生きる人材育成が重要な課題であるからに他ならない。「専門職大学」は、幅広い視点で複雑な社会問題に対応できる人材育成を行う高等教育機関である。農林畜産業経営を主題とする本学では、食、健康や環境は比較的関連性の高い学問分野である。また、学術としてだけでなく、未来を生き抜くための基礎知識としても、食、健康や環境は不変の課題である。

二　食品と感染症～現代の食中毒事情～

時代と共に変わりゆく食中毒事情

農林畜水産物の多くは食品として流通する。光合成によって生命活動のエネルギーを自作している植物と異なり、人間は植物や植物を食べた動物を食べることでエネルギーとなる栄養を摂取している。人類が新石器革命や農業革命を起こしたのは、効率良く養分となる食料を生産するためであった。我々にとって必要不可欠な食料であるが、その養分は微生物にとっても同様に必要不可欠であり、時に食品は微生物の運び屋となることがある。納豆やヨーグルトのような発酵食品であれば人間にとっても好都合であるが、カンピロバクター、大腸菌Ｏ１５７やウエルシュ菌などの病原菌を運ばれてしまうと、我々は感染症を引き起こす。いわゆる食中毒である。季節の変わり目、「お腹を出して寝ているとカミナリ様に御臍を取られるぞ！」と脅かされた経験がないだろうか。雷の多い初夏や晩夏は、スイカやキュウリといった水分の多い食べ物が旬で、水当たりや食あたりを起こすリスクが高まる。夏の季語にもなっている「食中毒」の経年変化を図1に示した。図中（●）で示したように、1990年代までは確かに梅雨から秋雨までの間に食中毒事件数のピークがあった。しかし2000年代以降、夏の食中毒事件数ピークは徐々に低減し（○、□）、現在では1年を通じて同レベルの食中毒事件が報告されている（■）。また、患者数はこの20年で半減しており、夏よりも冬場で多くなってきた。日本人が外国の食文化を取入れるようになった明治維新後も食中毒は夏の風物詩であったのに、この数十年の間にその様相をガラリと変え、平成の年号さながら平たく成っていったのである。

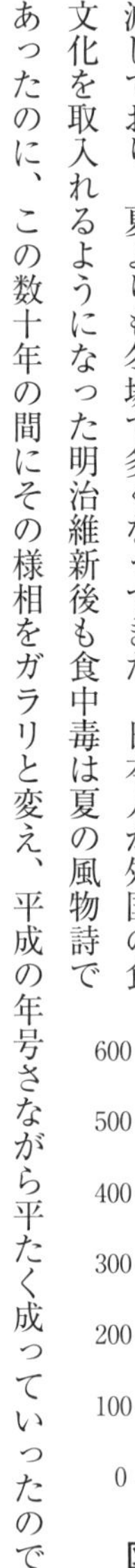

図1　季節別食中毒事件数の経時変化

流通・科学の進歩と食中毒

みなさんは、昭和では当たり前だった、生鮮食品の露店や行商といった販売形態を御存知だろうか。地方では今も農家の軒先などで無人販売と称した直接販売が行われているが、私が幼かった頃は、地方の生産者自らが行李を背負い、都心へ赴いては生鮮食品を売り歩くことが日常の光景であった。交通手段の発達に伴って、生鮮食品の流通も人力から自動車（モータリゼーション）へと移り変わった。販売形態も、訪問販売から卸売りを介した商店、スーパー、百貨店、さらにはコンビニエンスストアや通信販売へと急激な変化を遂げた。モータリゼーションによる変化は、流通速度や流通量だけでなく、冷蔵・冷凍での低温輸送をも可能にした。また、この温度管理は店舗での在庫管理や販売時にも行われるようになった。食中毒の原因の九割以上は食品に付着した微生物の繁殖であるため、輸送・保管・販売時に低温とすることでその活動を鈍らせ、予防することが可能となったのである。むろん、温度管理だけで全ての病原微生物を制御することはできない。人類は科学技術を駆使して、食品添加物という食中毒対策技術を向上させてきた。また、生産物の病気等を対策する農薬も、昆虫卵、寄生虫や微生物媒介を阻止することで、食中毒対策に一役買っている。食品添加物や農薬を否定する意見もあるが、衛生、医療、科学の向上によって、食中毒だけでなく多くの病気に抗う術を身に着け、人類は年々平均寿命を延伸していることを忘れてはならない。

三　感染症と健康～新型コロナパンデミックに思うこと～

免疫を維持することで感染予防

現代の感染症に関するキーワードとして、食中毒の他にも薬剤耐性菌、性感染症、新興・再興感染症、国境無き感染症（輸入感染症）、ペット病（人獣共通感染症）などが挙げられる。本学が開学した20

２０年は、中国・武漢で確認された新型コロナウイルス（SARS-CoV-2）の発生により、年の初めから世界的に振り回され、２０２１年になると変異株が増え、ＣＯＶＩＤ－19パンデミックは収まりを見せていない。中国・武漢に端を発した新たな感染症は欧州へと拡がり、イタリアでの被害が大きく報じられた。風邪に似た症状が肺炎となり、著名人が亡くなり、映画やドラマが作成できず、スポーツの大会が次々と中止されるといった、奇しくも先の東京五輪が開催された１９６４年に小松左京先生が記した復活の日で語られた「イタリア風邪」さながらの被害が、小説ではなく現実に起こるとは誰も予想できなかっただろう。

歴史を見れば、ワクチンや特効薬が無くとも感染症が収束することは想像に容易い。しかし、農業革命・産業革命を経て、より一層時間と情報に追われて生きる現代人は、新技術で作られたワクチンへの不安を抱きつつも、一分一秒でも早い収束を望んで接種している。ワクチンは、感染症の治療薬では無く、感染を１００％防ぐ予防薬でもない。収束には集団免疫の獲得、つまりは当該感染症に慣れることが必須であり、ワクチンはその時間の短縮を狙ったものである。また、ワクチンは、我々の生体防御システム（記憶免疫の獲得）を利用した、感染予防および重症化予防策でもある。市販されている書物の中には、「免疫力」という文字を見かけることがあるが、免疫は生体防御を担う機構（システム）であって、力（パワー）ではない。それゆえに、免疫は鍛えるものではなく、維持するものである。免疫を維持するには、生理的欲求（睡眠、摂食、排泄）と適度の運動（リンパ液の循環）を日々心掛けることが重要であって、特定食物や栄養素の摂取でコントロールできるものではない。また、肥満率の高い国では新型コロナ感染による死亡率も高くなるという研究結果も報告され、過食の現代人は免疫の維持に努めるために、また生活習慣病等の基礎疾患予防と合わせて、偏食や過食を避けるべきである。

新技術によるワクチン開発が選択された理由

人間は体内に病原体などの異物が侵入すると、貪食細胞と呼ばれる白血球の仲間が異物を取り込み消化する。また、生体防御システムに指示を出す白血球グループ（T細胞）は、取り込んだ異物の情報から異物毎に適合した兵隊（抗体）を作る細胞（形質細胞）を活性化して抗体産生を促す。抗体にはIgG、IgA、IgM、IgE、IgDの五種類が知られており、異物の侵入情報に合わせて形質細胞が産生する。侵入した異物を退治した後、多くの場合で異物の情報は免疫細胞に記憶されるため、同じ異物が再び侵入してくると、初回の侵入よりも素早く強力な抗体を産生する。この2度目以降に抗体産生能が上昇する効果はブースター効果と呼ばれる。ブースター効果のイメージグラフを図2に示した。このブースター効果を狙った感染予防が、ワクチン接種である。従来のワクチンには、毒力を弱めた病原体を生きたまま接種する「生（弱毒化）」ワクチン、病原体の感染活性を除いて接種する「死滅（不活化）」ワクチン、病原体の一部分を接種する「成分（コンポーネント）」ワクチン、毒素に対する「トキソイド」などがある。

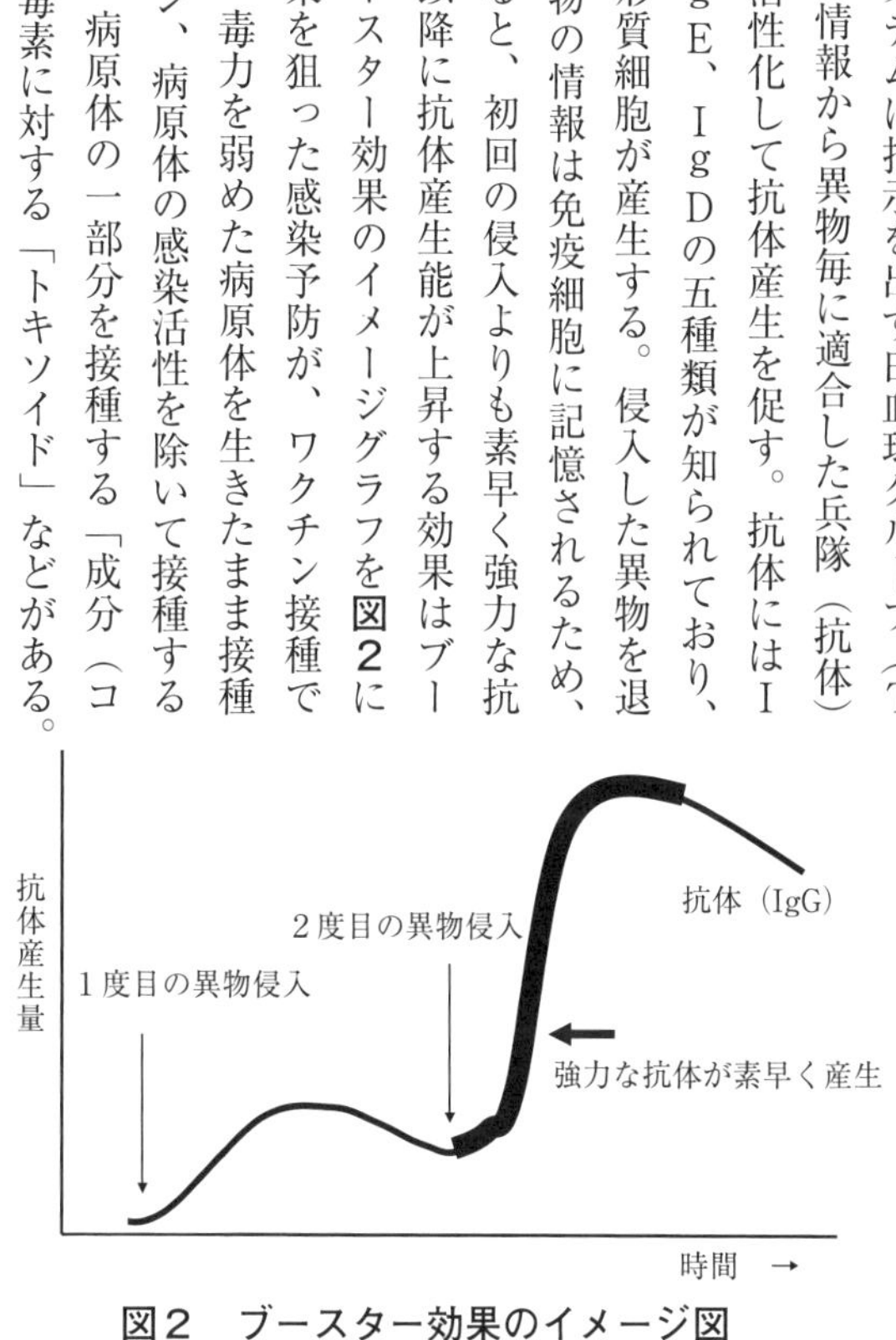

図2　ブースター効果のイメージ図

SARS-CoV-2ワクチンでは不活化ワクチン開発も進められているが、日本で最初に認可され接種が開始されたワクチンは「ｍＲＮＡ」ワクチンであった。これまでに経験の無い新しいワクチンに、国内外の有識者からも不安の声が上がったが、核酸（ｍＲＮＡ、ＤＮＡ）ワクチン、組換えタンパクワクチン、ウイルスベクターワクチンなどの新たな科学技術を用いたワクチン開発は、製品化こそされていないものの以前から進められている。従来のワクチンは、全身感染する可能性のある病原体が対象であり、血清（血液の液体成分）中に最も多く存在するＩｇＧという抗体の産生を促すことで、血液を介して全身への感染を防ぐことを目的とした。そもそもウイルスは向性と呼ばれる性質があって、決まった細胞にしか感染できない。しかし、ウイルスによっては感染可能な細胞が複数である場合があり、血液に入り込んで多臓器に感染してしまうウイルスは人類にとって極めて脅威となるため、こうしたウイルスに対するワクチン開発が精力的に進められてきた。ところが、SARS-CoV-2は経気道および腸管の粘膜にしか感染しない。そのため、これまでのＩｇＧ産生型のワクチンでは予防効果が十分に発揮されない可能性があった。経気道や腸管の表面は、粘膜と呼ばれる細胞組織で成っており、そこには前述の貪食細胞やＩｇＡが多く存在する。粘膜細胞の生体防御システムを活性化させることを目的として、また、世界中で対応できる大量生産を考慮して、これまでの研究成果からSARS-CoV-2ワクチンでは新技術を駆使して開発が進められてきたのである。

人間活動拡大と新たな感染症

２００２年に重症急性呼吸器症候群（ＳＡＲＳ）が出現するまで、コロナウイルス感染症は風邪症候群の原因となるウイルスとして、４種が知られていた。これらのコロナウイルスは人類と長い間共存してきたこともあって、罹患しても免疫記憶が持続せず何度でも罹患し、日本では2～4年ごとに流行を繰り返している。治療法やワクチンは無く、症状が重症化することもほとんど無い。先述のＳＡＲＳは２００３年に収束したが、２０１２年には中東呼吸器症候群（ＭＥＲＳ）が発生した。ＭＥＲＳはヒトコブラクダからヒトへ感染したと考えられており、ヒトからヒトへの感染は濃厚接触者に限られている。また、その後の研究で１９８３年の時点で既にヒトコブラクダに感染していたことが明らかとなり、現在でも収束には至っていない。ＳＡＲＳおよびＭＥＲＳの原因となるウイルスは、コウモリが終宿主（そもそもの保有者）であることもわかっており、おそらくSARS-CoV-2の終宿主もコウモリだと考えられている。

ＳＡＲＳ、ＭＥＲＳおよびＣＯＶＩＤ−19の原因ウイルスはいずれもβコロナウイルス属であり、この属はマウスコロナウイルス型とも呼ばれ、哺乳類に感染するコロナウイルスが含まれる。近年、世界的に人口が増えていることで、人類は野生動物の生息域へと活動範囲を拡げ、それによってこれまで経験したことの無い感染症が引き起こされている。１９７６年に発見されたエボラウイルスや、中央アフリカで発生したヒトTリンパ好性ウイルス（HTLV-II）は、野生サルやチンパンジーとの接触・捕食が原因だと考えられている。国・地域によっては、ワイルドミートなどと呼ばれる野生動物を捕食する食文化があり、人間と野生動物の生活圏が近づいたことによって新たな感染症の発生が懸念されている。約10年周期で繰り返されている新型コロナウイルスだけでなく、今後も新たな感染症が人類を襲うことだろう。狩猟民族であった人類は、麦に操られた農業革命によって子孫繁栄（人口の爆発的増加）を成しえたが、集団での定住生活や家畜の飼育を通じて、感染症のリスクを負うこととなった。この「リスク」の定義、認知、ベネフットなどについては、日本の高等学校の学習指導要領の中では、工業科や家庭科などにおいてわずかに示されるのみである。食中毒などの感染症教育の基幹を成すリスク教育については自身の講義に組み、ニューメラシーおよびリテラシーの重要性を説くように努める。

健康寿命を延ばすための食料・食糧生産

感染症は、我々人間だけでなく、動物や植物でも起こる。農林畜水産を志す学生においては、自身の感染予防だけでなく、生産物の病気にも注意を払い、その予防や対策法の基礎を身に着ける必要がある。病原体の性質やワクチンの意義を理解した上でなければ、接種や投薬について納得した判断をすることは難しいだろう。また、薬剤という視点で言えば、農薬および製造助剤として用いることもある食品添加物について、利用する意義や安全性について学ぶ必要がある。化学物質や薬剤、さらにはゲノム編集などの科学技術を利用することについて否定的な意見を耳にすることも多く、ヒステリックに無農薬を求める人々も存在する。しかし、現代人の寿命をエビデンスとすれば、これら科学技術の発展によって我々の寿命は劇的に延び、現在が最も幸福だと言えよう。今後は、健康寿命延伸、つまりは老化対策が鍵となる。日本ではアンチエンジングの一つとして抗酸化食品がもてはやされているが、細胞の老化はエピゲノム（遺伝子を作動させるスイッチ）の劣化であるとJ. C. Izpisua Belmonteを初め既に多数の報告がなされている。国内でも、熊本大学の中尾光善教授らのグループが、細胞老化の多様性とメカニズムについてエピジェネティクス（エピゲノム科学）の視点から研究を進めている。老化はＷＨＯの疾患リストにも掲載され、生活習慣病やガンなどの根幹を成す病気とされている。老化に対して最も簡単な対策は食事の回数、量を減らすことだとD・A・シンクレアらは述べており、老化の原因はエピゲノムの劣化だと言い切っている。食事回数・量を減らすことがスタンダードになるのであれば、より栄養価の高い食事が求められるようになるため、それに見合った食物を生産する必要性が生じる。こうした最先端科学の是非を学生が〝正しく〟理解するために、基礎として生化学や分子生物学的知識の習得が、学部を問わず必要不可欠な時代であると言えよう。

四　食薬融合を意識した一次産業から国際協力へ～薬食同源からバイオ製薬へ～

農林畜水産物の中には、食料としてだけでなく、感染症などの疾病に対する薬剤の原材料としての役割を担うものもある。前任の静岡県立大学で参加した、文科省21世紀COEプログラム（2002年採択、代表：木苗直秀・現静岡県教育長）の主題が「薬食同源」「食薬融合」であった。植物は自ら栄養である有機物を無機物から合成することで生育できるものの移動手段を持たないため、種子を動物に食べさせて運ばせることで子孫繁栄を可能にしてきた。また、過剰に食べられぬよう動物に対する毒を持っており、人間はその毒を薬として利用してきた。つまりは、食も薬も起源は同じ植物であった。

1928年にアレクサンダー・フレミングが真菌からペニシリンを見出し、抗生物質という感染症に対する新たな武器を手にした。また、近年では植物や微生物由来の化学物質である低分子医薬品から、抗体製剤に代表される高分子医薬品が開発され、さらには核酸医療やペプチド製剤などの中分子創薬、いわゆるバイオ製剤の開発が精力的に進められている。高等生物とされる我々人間は、生命活動を維持するために様々なホルモンや酵素を駆使しており、侵入してくる病原体を駆逐したり、自己死できなくなった細胞（ガン細胞）を破壊したり、傷ついた細胞を修復するなど、常日頃から自分自身への働きで生命を維持している。健康や栄養を生化学的知見で考えることができれば、病だけでなく幸福や快楽とも密接に関連することを知ることができ、学生にとっては農林畜水産物に必要な付加価値を考える機会になると考える。

生産技術や品種改良によって多くの農林畜水産物がこれまでにも付加価値を得て、日本ブランドも確立されてきた。これからの国際競争では、情報収集・利用はもちろん、ＡＩを駆使した発想力による凌ぎ合いが始まることだろう。残念ながら現在の日本は、財政状況の健全度（政府の債務残高と国内総生産：ＧＤＰとの比）に関して、ＩＭＦ（国際通貨基金）加盟国１８８国の中で最下位であり、国際競争どころではない。少子高齢化の進む日本がこうした国際競争に参加できるまでに国力を上げるためには、若者に投資し、この先の一手を読み、合理的思考に長けた、日本の将来を担う人材の育成が最重要課題であろう。

五　日本における食料生産産業の未来

モータリゼーションの功罪

科学の進歩や環境の変化と、人類の健康や農林畜水産とは密接に関連している。世界で最も利用されている流通・交通ツールとして自動車がある。科学技術の英知でもある自動車であるが、これまでにその排気ガスが、肺ガンや喘息などの呼吸器疾患を増悪するなどの問題が指摘されてきた。排気ガス汚染は、人間だけでなく農林畜産物への影響も懸念される。そこで、２０１４年から戸敷浩介（宮崎大学教授）、劉庭秀（東北大学教授）らとともに、モータリゼーションが進むモンゴル国において、モータリゼーションが及ぼす遊牧家畜への影響について調査研究を行っている。モータリゼーションによる環境汚染は排気ガスだけでなく、塗料やバッテリーなどを介した重金属汚染や、タイヤゴム燃焼による温室効果ガス排出などが考えられる。特に都市部近くで遊牧されている家畜は、ごみの集積場や埋立て地において飲水や喫食をしたり、主要道路や廃棄物処理場近くの牧草を食していることがある。こうした遊牧家畜の血中鉛量を測定したところ、高値の鉛を検出した（**表1**）。鉛は食材を通して摂取することがあるが、人間にとって必須金属では無く、成人では摂取量の90％が速やかに体外へ排出される。しかし、血中濃度が高濃度（25㎍／dℓ以上）ではもちろんのこと、近年の研究では許容基準以下（≦１０㎍／dℓ）であっても、少なからず影響があることがわかってきた。**表1**に示した遊牧家畜の血中鉛濃度は、１５２～４５９㎍／dℓと桁違いに高濃度であり、速かに体外に排泄されるとはいえ、家畜への影響も少なくない。またこれらの家畜は、乳や肉といった食材として人間が摂取しており、間接的なヒトへの影響が懸念されることから、現在も乳製品、加工製品を対象に重金属汚染調査を続けている。

表1　モンゴル遊牧家畜（ヤギ）の血中鉛濃度測定結果

	性別	年齢	2015年8月	2016年4月
ヤギ	メス	2		157 ㎍／dL
		3	152 ㎍／dL	459 ㎍／dL
		4	236 ㎍／dL	444 ㎍／dL
	オス	2		406 ㎍／dL

フードロス問題解決へ向けて

モンゴル国だけでなく多くの途上国でモータリゼーションは加速しているが、一方で先進国を中心に自動車燃料はガソリンから電気等へと変わりつつある。日本を含む先進国の食料問題の筆頭は、フードロスであろう。食品に期限（消費、賞味）を設けたことで、食中毒対策は功を奏したが、安全の担保や商品の回転率を優先することで必要以上に厳しい期限となり、結果的に食品廃棄物を増やしている。また、冷蔵庫が普及したことで食材の買い溜めが当たり前となり、行商を利用して毎日必要量を買っていた40〜50年前と比べて便利になった一方で、ロスが増えている。著者の専門は衛生学であり、殺菌や消毒分野の新たな技術に対する評価と普及を行っている。現在は機能水、特にオゾン水に着目し、ＨＡＣＣＰ（Hazard Analysis and Critical Control Point）での活用や、食品の洗浄、保存や水戻しへの効果検証を行っており、食材の無駄を少しでも減らしたいと考えている。ＳＤＧｓ（sustainable Development Goals：持続可能な開発目標）が叫ばれ、消費者が安心・安全な食品を求める現在、生産者から消費者まで一丸となって食品の流通、購入量や保存の在り方について考えるタイミングではないだろうか。我々の経験と知識に加え、学生の豊かな発想力から、新たな対応策が生まれる可能性に期待したい。

食料自給率と食料生産技術開発

現代日本の食料問題として、フードロスとともに取り上げられる項目に自給率の低下があるが、そもそも我が国で食料自給率が低下した理由は、明治維新後に外国の食文化が流入したことによる。日本の国土は英国の約1・5倍であるが、山間部と沿岸部が広く、農耕に適した土地は限られている。そのため日本人は、主に野菜と魚、土地によっては鳥肉を食していたが、維新による食のグローバリゼーションによって牛肉や豚肉を多量に食すようになった。おかげで昭和以降の日本人の体格は大きくなり、人口も爆発的に増加した。当時の時代背景を考慮すれば、人口増加は国力増強につながったが、一方で狭い生活圏はヒトで溢れ、輸入食材に頼らざるを得なくなって食料自給率は下がった。今後も日本における食の多様化は続くことだろう。一方で、世界的には今後益々の人口増加が見込まれており、世界的な食料危機が危惧される。国家間で食料の開発合戦、奪い合いともなれば、人口減少が加速する日本においては明るい未来がイメージし難い。だからこそ、高等教育機関の役目が極めて重要であり、農林畜水産を主題とする本学の責任は特に重い。食料危機対策の一つとして、欧米では大豆ミートや培養肉開発への投資額が莫大なものとなっている。日本においてもこうした代替肉開発への投資が広がり、近畿大学のマグロ養殖のように市場へ出回る日も間近なのかもしれない。かといって、これまでの畜産業が全て無くなるわけではない。農林産業も同様で、ＡＩによるビッグデータ利用とオートメーション化が進み、さらにはゲノム編集作物によって工場生産が可能となったとしても、露地栽培が無くなるわけではない。ただ、世界はこれまでの価値観だけで進むことは無くなり、新技術導入によって選択肢が増えるのだ。その選択をするのは未来を生きる若者達、そう、学生である。これからの大学教員、特に社会と密にする専門職大学教員には、この選択肢をより多く提示することが求められよう。

学生が未来を想像できる教育を

この世に「絶対」は無く、未来のことは誰にもわからない。しかし、10年ごとに刷新される移動通信技術に合わせて、食糧生産、農林畜水産業の形態が大きく変わっていくことは、いわば必然である。合わせて、欧米における2％程度の専業農家率を鑑みれば、日本においても農業を副業化する動きが起こる可能性は否定できない。また、これまでに日本で培われてきた技術によって、既に日本産食物はブランド化されており、今後益々の農林畜水産物の輸出国となろうことは想像に容易い。生産者として海外輸出を目指すのであれば、HACCPの知識が必須となる。また、経営者として海外と渡り合うのであれば、諸外国のCEOの学位取得率75％を鑑みても、大学院進学を強く勧める。

成毛　眞氏は著書2040年の未来予測の中で、国が示している2040年の大学教育の目標、求められる人材を要約し、「分野を超えて先端の学問を学び、あらゆることに対応できる力を備えた人材」が世界を牽引する人材として必要だと述べている。また、「高度な教養と専門性がある人材」、「高い実務能力がある人材」の3類型を育てることを国は大学側に提案しており、これまで反発の強かった大学の専門科を促すと記している。また、慶応大学の安宅和人教授は著書の中で、日本では主要大学であっても資金不足であり、学費や授業収入にばかり着目するが、諸外国と比較すると圧倒的に投資収入および国からの助成収入が不足しているに他ならないと述べている。70年ぶりの教育改革によって生まれた専門職大学では、教員個人あるいは大学全体で研究やカリキュラムとして産学連携を内包するため、これまでの地方自治体の考えや職業専門校のルールを破棄して教育研究への投資収入を得る運営をしなければならず、教員・大学職員自身の柔軟な対応が生き残りの鍵となろう。法人化経営の進む大学運営において、あえて県営の農林大学校から「県立」の専門職大学へと変革させた静岡県に敬意を表すとともに、研究者として、大学教員として大学の価値を高めて来るべき時に備える所存である。将来、本学卒業生の子供や孫達が描く未来の絵には、畑や田んぼ、牧場や山林が明るく広がっていることを期待して。

引用・参考文献

ハンス・ロスリング　他著　上杉周作　訳　2019『FACTFULNESS』日経BP

安宅和人　2020『シン・ニホン』NewsPicksパブリッシング

ユヴァル・ノア・ハラリ　著　柴田裕之　訳　2016『ホモ・サピエンス全史（上・下）』河出書房新社

デビッド・A・シンクレア、マシュー・D・ラプラント著　梶山あゆみ訳　2020『LIFE SPAN』東洋経済新報社

成毛眞　2021『2040年の未来予測』日経BP

小松左京　1964『復活の日』早川書房

内藤博敬　2021『ワクチン開発とCOVID-19』㈱ドクターズプラザ

内藤博敬　他　2017『モンゴル国Ulan Bator市周辺の遊牧家畜に対する鉛汚染調査』環境科学会誌

内藤博敬、齋藤未菜美　2019『乾燥シイタケの水戻しにオゾン水を用いた場合の除菌および食感への効果』医療・環境オゾン研究

コラム3　ゲノム編集と農林業

全国初の農林系専門職大学として我が校が開学した2020年、ノーベル化学賞は、『ゲノム編集の新たな手法の開発』に成功した二人の女性に授与された。

ヒトも含めすべての生物はDNAが連なった遺伝子を設計図として親から子へと伝えている。遺伝子の数はヒトで約二万、イネで約三万個であるが、それら遺伝子をひとまとまりにしてゲノムと呼ぶ。

ゲノム編集とは、例えばイネの三万の遺伝子の中から一つに狙いを定めて遺伝子の配列を書き換えることである。花粉は花粉をつくる遺伝子の働きにより作られる。花粉をつくる遺伝子が壊れると花粉は作られない。これまでの育種では自然に起こる突然変異、あるいは人工的に放射線を照射すること等により、花粉をつくる遺伝子が壊れた植物を探し出していた。ところが従来の方法では遺伝子を狙って破壊することが出来ないため、例えば何万という植物の中からたまたま目的にあう遺伝子が壊れた植物を探し出していた。探そうとしても見つけられないこともある。静岡県では平成十年に「山田錦」という酒米にγ線を照射し、「誉富士」という草丈が低く倒れにくい酒米を作出した。約9万8000のイネから何年もかけて誉富士を探し出すことに成功したのである。

現在ではゲノム編集技術により狙った遺伝子を破壊出来るので、花粉をなくしたスギや食中毒の原因となるソラニンという物質を合成できなくしたジャガイモが作出されている。ゲノム編集はスギ花粉やソラニンなど我々にとって不都合なものをなくすには非常に有効である。さらにゲノム編集により筋肉量が増えた鯛やGABAという血圧上昇抑制効果が期待される機能性成分を増やしたトマトは販売が開始されている。超高速の列車の開発に成功してもブレーキ性能が悪ければ実用的でないように、生物内でも合成を促進する遺伝子と合成を抑制する遺伝子がバランスをとりながら働いている。筋肉もＧＡＢＡもその合成を抑制している遺伝子があり、それらをゲノム編集で壊すことにより作出することができた。

ゲノム編集技術が開発される以前には、除草剤耐性や病害虫抵抗性などの遺伝子組換え農産物がつくり出され、全世界での栽培面積は日本の国土面積の約五倍に相当する。一方でその安全性に疑問を抱いている人も多い。ゲノム編集と遺伝子組換えの最大の違いは、遺伝子組換えでは外から遺伝子を導入するのに対し、実用化された、もしくは実用化に近いタイプのゲノム編集では外来遺伝子を導入することなく、その生物自身の遺伝子を改変（編集）している点である。これは我々がこれまでに食べてきた育種された農産物と同じであるということになる。したがって、（外来遺伝子を挿入しないタイプの）ゲノム編集でつくられた農産物は、これまでの育種でつくられたものと区別が出来ないこともあり、遺伝子組換え作物のような安全性審査は行われず、販売時の表示義務も課されないことになった。

原理的にゲノム編集はすべての生物の遺伝子を書き換えることができるため、中国では人間の遺伝子を書き換えるという倫理的にも大事件が起きた。また、ゲノム編集ではオフターゲット変異という狙った遺伝子以外の意図しない遺伝子変化が起こるリスクの指摘もある。農林業に携わる者は常に謙虚にかつ畏敬の念をもって生命に接していただきたいと思い授業を行っている。

（丹羽　康夫）

第四章　ＩＣＴと農林業教育

横田　茂永

一　情報と環境と人間

ＩＣＴ（information and communication technology、情報通信技術）あるいはＩＴ（information technology、情報技術）は、コンピューターや携帯電話などを活用し、情報処理を行う技術の総称である。情報処理は、狭義に捉えると情報の記録・整理・加工等を指すが、広義にはその前段の情報の収集、後段の情報の発信を含めて使われる（広義の意味の場合は、「情報の活用」という用語が使われることが多くなっている）。情報の収集・発信については、世界的な情報通信ネットワークであるインターネットの発達が大きな影響を与えている。

ＩＣＴは発展し、幅広い機器類をインターネットとつなげてサービスを展開するＩｏＴ（Internet of Things）や人工知能ＡＩ（artificial intelligence）が注目されるようになってきており、ＡＩ自体も人間の知識を取り込むエキスパートシステムからＡＩ自身が知識を獲得する機械学習へ、機械学習の中でも自ら特徴量を見出すディープラーニング（深層学習）へと進化している（松尾２０１５）。

２００1年の第2期科学技術基本計画で、情報通信分野が4つの重点研究開発分野の1つとしてあげられて以降、情報技術の位置づけは前進し、２０１6年の第5期科学技術基本計画の中では、Society 5.0が提唱された。農業、工業、商業の間にも密接な関係があるが、情報の場合はＩＴ産業として、これらの産業と関わる他、すべての産業に跨って存在することになる。すなわち情報は、広範な産業の生産力拡大に直接つながることになるのである。国による情報教育改革もまたSociety 5.0を土台として進められるようになっている。

Society 5.0とは、Society 5.0の前段とされる狩猟社会（Society 1.0）、農耕社会（Society 2.0）、工業社会（Society 3.0）、情報社会（Society 4.0）の次に来る日本国が目指すべき未来社会の姿であり、「サイバー空間（仮想空間）とフィジカル空間（現実空間）を高度に融合させたシステムにより、経済発展と社会的課題の解決を両立する、人間中心の社会（Society）」と定義されている。具体的にいうと、人間が情報を解析することで価値を生み出していた情報社会に対して、膨大な情報（ビッグデータ）をAIが解析し、ロボットなどを通じて人間にフィードバックする社会である。

20世紀後半からの社会で情報とともに注目されるようになったもう一つのキーワードに「環境」がある。酸性雨、地球温暖化、オゾン層の破壊など様々な環境問題があるが、環境問題は慈善事業でも、利他的な活動でもない。有益な資源の喪失、有害な影響の増加という人間に直接関わる問題といえる。

情報も環境も最新のキーワードであるが、どちらの重要性も狩猟・採集の時代から変わらず、また人間に限らず、環境から得た情報を処理することは生きるための必須の行動原理なのである。

二　教育現場でのＩＣＴ

農林業教育に限らず、ＩＣＴの教育への導入は、初等教育の段階から始まっており、小学生の段階からコンピューターに触れる機会が当たり前となっている。昭和40年代後半には高等学校の専門教育として情報処理教育が行われ、昭和59年（1984年）から平成2年（1990年）にかけての臨時教育審議会等での検討を経て、学校教育での情報活用能力を育成することの重要性が示された（文部科学省2002）。

1990年には、当時の文部省が『情報教育に関する手引』を発行しているが、IT基本法制定後の2002年に『情報教育の実践と学校の情報化』として全面的に見直されている（その後も2010年、2019年、2020年（追補版）に更新）。2011年には、教育分野における情報化の遅れを踏まえて「教育の情報化ビジョン」、2016年には、2020年代に向けた教育の情報化の推進のために「教育の情報化加速化プラン」が公表され、2019年に「学校教育の情報化の推進に関する法律」が制定された。

大学の情報教育

大学においても、理工系や農業工学での専門性の高い情報教育に加えて、一般科目としての情報教育が広く行われている。本学でも情報処理の授業があるが、その内容はOfficeアプリ（Word, Excel, Power Point 等）の機能と情報倫理を習得させるものである。より学問的な情報教育を行うべきとの考えもあるが、学生が最低限論文やレポートを執筆することができ、卒業後の仕事に差し支えない程度のパソコン操作の技術を身に付けさせておく必要がある。農林業においても、栽培管理、生産管理、販売管理、ネット販売、人材確保などで、パソコン操作が普通に行われるようになっているので同様である。

しかしながら大学入学の段階で、パソコン操作の技術が必ずしも身についているわけではない。自己評価ではあるが、２０２１年度入学の本学短期大学部第2期生へのアンケート（２０２１年5月）結果からもWord, Excel, Power Pointで、「それなりに使える」「まあまあ使える」「あまり自信がない」が概ね3分の1程度ずつに分かれており、その習熟度のばらつき具合がわかっている。学校での情報教育が強化されてきた上述の経緯と異なるように思えるが、その理由として下記の点が考えられる。

第1に、学校教育でのパソコン操作の習得状況に学校・学生によるばらつきがあったからである。中学校においては、技術・家庭の中で、平成元年（１９８９年）に選択の情報の授業が始まり、平成10年（１９９８年）からは必修化したが、小学校においては、１９９８年の学習指導要領改訂以降、特定の情報のための教科・科目はつくられず、各教科等の指導、総合的な学習の時間等での学習・指導によって行われてきた。高等学校でも、２００３年度より「情報」が必修化したものの情報A、情報B、情報Cの中からの選択、平成21年の改訂でも情報と社会、情報と科学からの選択として進められてきた。また、高校の情報科の教員における臨時免許状、免許外教科担任の割合が高いことなども、情報教育にばらつきがでる原因と言われている（中山他　２０１７）。

第2に、コンピューターやインターネットが各家庭に普及はしてきているものの、その使用の仕方は、ネット検索、SNS、ゲームなどに偏重していたことにある。ネット検索、SNS、ゲームの利用については、学生の技術が教員を上回ることもまれではない。その一方で、授業や業務で一般的に使われるWord、Excel、PowerPointを家庭で使うことは少ない。読み書きがそうであるように、日常で使うかどうかによって、その習熟度は異なってくる。この点については、他のOECD諸国に比べて、学習でのコンピューターの利用頻度が低く、遊びで使われているという『OECD生徒の学習到達度調査（PI

SA2018）』の結果があり、文部科学省も情報教育推進の根拠としている。

第3に、このようなネット検索、SNS、ゲームなどを行うための機器が、パソコンからスマートフォンに移行したことにある。携帯電話がスマートフォンに進化し、1人1台を携行することが多くなり、相対的にパソコンの利用頻度が下がっているのである。

学生の連絡ツールは、電話からメール、そしてSNSへと変化してきているが、これらのツールの変化は、学生の文章作成の技術にも影響を与えている。メールの普及以降の学生のレポートを見ると、段落の最初の1文字を空けるというルールが使えないのか、あるいは忘れてしまうケースがある。メールやSNSでは、そのような書式をとらないからである。

現在はメールもあまり使われなくなったので、メールを送付させると、件名、相手の名前、自分の名前（署名）を省略してしまう。SNSでは、件名、相手の名前、自分の名前をあえて入力することがないからである。同様に、添付ファイルの送信に不慣れな学生も少なくない。個人差もあるのだが、大学の一般教育の情報教育で、パソコン操作の習得、文章作成の作法、情報倫理などをあらためて教えざるを得ないのが現状である。

ICTと社会のズレ

しかしながら、これらは学生のICTへの習熟度の低さというばかりではなく、情報機器の変革によるICT自体の変化の表れでもある。情報機器については、手作業の時代から、ワードプロセッサーを使っていた時代、パソコンの時代にこの数十年で急激な変化があったが、現在はタブレット端末やVR

が発展する中で、次の時代の主流がどうなるのか、明確に予想することすらできない。教える教員側と教えられる学生側の認識が大きくくずれていくことも考えられる。

それだけではなく、すでにＩＣＴの発展と環境の変化に追いついていない既存の組織や社会システムの遅れが露呈してきている。２０２０年に行政改革担当大臣から脱印鑑の方針が発せられたが、最先端の企業でなくても、押印の必要性はかつてと比べて減少していることは間違いない。メールでの確認、電子押印など代替できる技術もある。もちろん、すべてがなくなるわけではないが、形骸化している手続きを極力変更していくべきであることはＩＣＴ関連に限らない。

三　コロナ禍における遠隔授業の開始――ＩＣＴの教育現場への急速な導入――

２０２０年1月15日にＣＯＶＩＤ－19（新型コロナウイルス）の国内最初の感染者が確認され、その後感染者数は増加、4月から5月にかけて最初の緊急事態宣言が発令された。これにより学校、大学での遠隔授業が開始されることになるが、それ以前の２０１８年に「遠隔授業の推進に向けた施策方針」が作成され、２０１９年12月には児童生徒1人1台端末や校内への高速大容量の通信ネットワークの一体的整備を掲げるＧＩＧＡスクール構想を進めるために、ＧＩＧＡスクール実現推進本部が設置されていた。教育の情報化の一環として、また教育の幅を広げ、不登校児童生徒や病気療養児など様々な事情がある児童への教育機会を確保する目的から遠隔授業を進めていく準備がすでに始まっていたのである。

しかし、新型コロナウイルスの蔓延が、遠隔授業を後押ししたのは間違いない。最初の緊急事態宣言では、休校措置がとられた小中高等学校および大学等も多く、準備の有無に関わらず遠隔授業への対応が広まった。遠隔授業の中身は、大きくはオンライン型とオンデマンド型に区別できるが、とくに大学の遠隔授業では、会議用アプリを使用した同時双方向のオンライン型が注目された。さらに4年間かける予定であったGIGAスクール構想の1人1台端末は前倒しになり、ほぼ1年間で実施されている(文部科学省　2021)。

本学の遠隔授業

1年生は原則全寮制の本学でも2020年4月7日の最初の緊急事態宣言の発令を受けて、授業開始予定日を4月10日から5月7日に変更し、学生は原則自宅に戻ることになった。新設大学のため学生は1年生のみであったが、教員側も新任で赴任してきたばかりであり、当然遠隔授業まで想定した準備はなされておらず、授業開始までの1か月弱の期間に急遽対応していくことになる。

大学側に備わっている遠隔授業の設備の確認と補強が進められ、事務、大学の情報処理の授業を担当する逢坂教授、短期大学部を担当する私で、学生たちのパソコンおよびインターネット環境の確認、遠隔授業実施方法の検討を行っていった。その後、逢坂教授と私を含む教員による遠隔授業検討チームを結成し、遠隔授業における機器の操作方法の確認や全学教員への研修を実施している。

実際の遠隔授業の実施方法については、Teams や ZOOM を使用したオンライン、YouTube を活用した授業動画、資料・課題の配布など各教員にその選択は任された。しかしながら実習については遠隔授業での対応が難しく、担当教員の発案で一部 YouTube にあげた動画をみてもらうなどの工夫がなされた他は、対面授業の再開を待つしかなかった。

短期大学部の情報処理演習の授業では、レジュメと課題の作成手順を示す文書、操作を視覚的に説明するためのパワーポイントをセットにして送付し、メールに作成した課題を添付して提出してもらう方式をとった。オンラインで画面を見ながらでは、パソコンの操作ができないからである。もちろん複数のパソコンやデュアルディスプレイがあればできなくはないがそのような好条件の学生はまれと考えられる。また、オンラインの画面をスマフォに映すという方法もあるが、それでは画面が小さすぎて見づらい。情報環境もまちまちであることから、締め切りは設けるものの厳守はしない形をとっていた。

本学の通常授業の再開は早く、6月には学生が寮に戻って通常の対面授業を開始することとなった。その後は、２０２１年11月1日現在まで遠隔授業は行われていない。大学での遠隔授業を経験した第1期生へのアンケート（２０２０年10～11月）、大学での遠隔授業を経験していない第2期生へのアンケート（２０２１年5月）を見てみると、第1期生に対して第2期生のオンラインへの要望がかなり高いことがわかる（**図1**）。

しかしながら先の第一期生のアンケートでも、Word, Excel,

	2020年度（第１期生）	2021年度（第２期生）
YouTube等の視聴	68%	64%
資料配布	35%	20%
オンライン	18%	39%
まだわからない	1%	15%
無回答	13%	0%

図１　遠隔授業方式への希望(複数回答)

Power Point に比べても Teams や ZOOM の習熟度は低く、過半が「あまり自信がない」と回答している。大学に比べると高校では遠隔授業をあまり実施しておらず、昨年のコロナ禍を経験した第2期生にしても Teams や ZOOM に慣れているわけではないため、オンライン授業をイメージで見ていると考えられる。実際に一度経験をした第1期生からは具体的な通信状況の不具合からオンラインへの苦情もあり、オンライン型の支持率が相対的に低くなっている。

遠隔授業の課題

全国的な遠隔授業の状況については、国立情報学研究所「大学等におけるオンライン教育とデジタル変革に関するサイバーシンポジウム」で継続的に取り上げられているが、遠隔授業が順風満帆に進められたわけでないことも事実であり、本学の状況を踏まえた課題は下記の通りである。

第一に、遠隔授業と対面授業での授業内容・教材等の違いである。オンライン授業やオンデマンドの授業動画では、10～20分程度が学生の聴講の限界であり、課題の作成や質疑などをうまく組み合わせることで、授業を組み立てなければならない。いわゆる双方向性の確保でもあり、教員側の授業準備に費やす労力は大きく増えたといわれる。ただし、これは初期の負担であり、継続的に続けていくとしたならば、反復して使える教材もあり、徐々に負担は軽減していくことだろう。

第二に、コンピューターやインターネット設備等の格差である。すでに遠隔授業に対応できていた大学とできていなかった大学の間にも格差があったが、より深刻であったのは、学生の家庭間の格差であった。同時双方向のオンライン授業やオンデマンドの授業動画の配信をスムーズに受信できる家庭とできない家庭、そもそもインターネットの設備がない家庭もある。さらに同時期に在宅勤務になった家族がいる場合は、使用できるコンピューターの台数、契約している通信量（データ量）が不足することになった。送信者・受信者双方でのデータダイエットの取組が奨励されたが、家庭間の格差は完全には解消されなかった。

第三に、遠隔授業で行える授業範囲の限界である。授業内容によって、オンラインやオンデマンドなど適切な方法の違いがあるが、実習・実験については、遠隔授業自体での実施が難しい。一部でバーチャル・リアリティ（ＶＲ）を利用した先進的な取り組み事例はあるものの設備投資も含めてまだ課題が多い。

第四に、対面のコミュニケーションに対する欲求である。教員への質問はチャットなどを使うことで、むしろ対面よりもしやすいという学生もおり、学生間でもチャットなどで相互に意見交換ができないわけではないが、雑談的な会話はしづらい。とくにまだ面識があまりなかった新入生の間では急な遠隔授業により孤独を感じる傾向があり、遠隔授業の良し悪しとは関係なくリアルな対面のコミュニケーションの必要性が実感された。

四　大学の情報教育はどう変わるのか？

小中高の休校措置が解かれる中で、首都圏・近畿圏を中心に休学措置を続行した大学には、不満の声があがり、文部科学省も当初の対応を転換してハイブリッドという言葉を使い、対面型と遠隔授業の併用を求めるようになった。これにより長期的な遠隔授業の実施の可能性は少なくなったものの感染拡大時の短期的な実施の可能性は残っている。それ以上に仕事の会議や打ち合わせなどでのオンラインは一般化したことから、長期的に考えると遠隔授業に関係するＩＣＴ技術の習得は、大学までの教育の中のどこかで確実に行われざるを得ないことになるだろう。この遠隔授業と下記２つの要因を合わせた３つの要因が、今後の大学での情報教育に大きな変化を与えていくことになると考えられる。

第２は、小中高校の情報教育の改革の影響である。平成29・30年の学習指導要領改訂による高等学校での情報Ｉの全員必修の決定、ＧＩＧＡスクール構想の前倒しでパソコン操作も小中学校の生徒全員が経験できる状況になった。情報Ｉを履修した高校生が大学に入学するのが２０２５年度から、ＧＩＧＡスクール構想で配布されたパソコンで情報教育を受けた生徒の大学入学は２０２７年度から、その後も教育方法が改善されていくわけであるから、大学の授業内容もそれらを踏まえて更新しなければならない。

第３は、大学における数理・データサイエンスの動きである。一般社団法人情報処理学会が２００７年に『一般情報教育の知識体系ＧＥＢＯＫ』、２０１７年に『一般情報教育の知識体系（ＧＥＢＯＫ２０１７・１)』、『一般情報教育の標準的なカリキュラム例』を作成しているが、コンピューターの操作の習得はその内容の中のごく一部である。また、拠点校の国立６大学を中心に国公私立の大学によって構成される数理・データサイエンス教育強化拠点コンソーシアムでは、政府のＡＩ戦略２０１９で「文理を問わず、一定規模の大学・高専生（約25万人卒／年）が、自らの専門分野への数理・データサイエンス・ＡＩの応用基礎力を習得」とされたことを受けて、数理・データサイエンス・ＡＩのリテラシーレベル（２０２０年４月）および応用基礎レベル（２０２１年３月）のモデルカリキュラムを作成した。概ね1~2年生はリテラシーレベル、３~4年生は応用基礎レベルという区分であり、その上の段階にエキスパートレベルが想定されている。これらの動きによって、数学理論による解析を伴う情報教育の平準化が進められることになる。

農林業分野では、国のＩＴ政策の中で、スマート農業が推進されており、農業分野におけるSociety 5.0の実現とされているが、応用基礎レベル以上で対応していくことになると考えられる。

家庭間格差をどうするか

しかしながら、学校教育は改善されたとして、家庭でのパソコン等情報機器の格差が改革の阻害要因として残っている。パソコンの購入支援はあるものの大学入学前の重要な時期である高等学校の期間がパソコン1人1台の対象となっていないことは大きい。遠隔授業への対応も、小中高でどこまでできるかによって、大学での教育内容も変わってくる。また、現状の改革では不十分で、やはりばらつきが出てしまい、従来のようなOfficeアプリの基本的な操作を習得させる必要性は残るとの指摘もある（松山・石野　２０１９）。

義務教育から外れる高等学校での就学支援金が充実してきた半面で、支援対象とならない学用品の費用が高等教育を受ける権利の格差を生んでいる。この格差を少しでも埋める必要があるが、そのためにスマートフォンの有効活用が望まれる。ノートパソコンよりは学生個人が所持していることが多いからである。

大学の授業では、スマートフォンが学習を補助するための道具にもなっている。インターネットに接続することで、専門用語など授業でわからない用語を調べるための辞書や事典として、計算が必要な授業での計算機として、また実習や実験での写真・動画撮影にも使用される。大学からのポータルサイトやメール等を活用した学生への連絡についても、パソコンではなくスマートフォンで見ていることが多いと考えられる。学習に使用するアイテムを増やし、学校でスマートフォンを学習に使用させることで、格差解消と家庭でのスマートフォンの学習利用にもつなげられるのではないかと考える。しかしながら、これは課題の一面に過ぎない。

五　万能ではないＩＣＴ―Society 5.0が抱える課題

コロナ禍における遠隔授業で露見した４つの課題は、Society 5.0における課題の萌芽であったといえる。

第一の遠隔授業と対面授業での授業内容・教材等の違いは、Society 5.0が人間側にも相応以上の変革を求めるものであることを示唆している。新しい技術に対応した人間の能力や工夫、形骸化した手法や慣習の見直しが必要とされるのであり、変革によるよい面悪い面の双方がある。

第二のコンピューターやインターネット設備等の格差は、そこに至る経路を含めてSociety 5.0の社会での経済的格差の問題を示唆するものである。ＡＩが、これまでの技術と異なるのはシステムの自律性であり、それはシステムを使うための雇用を多くは必要としないことを意味する。もちろん新たな雇用創出もあるわけであるが、第一の点とも関係し、求められる能力のミスマッチや教育のタイムラグなどから多くの雇用喪失を生じることは避けられない。人間がひまになるなどという気楽な幻想の下で、仕事を失い、生活の糧を失い、貧困にあえぐ人たちの増加が現実問題として危惧されるわけであり、コロナ禍でそれが前倒しの現実となっている。

第三の遠隔授業で行える授業範囲の限界は、Society 5.0が描き出す社会がすべてを解決するものではないことを示唆するものである。生きていく中では、サイバー空間を介さない五感を活用したフィジカル空間での経験が必要とされることもある。サイバー空間はフィジカル空間に有益な面もあるが、最終的に必要なのはフィジカル空間それ自体である。

第四の対面のコミュニケーションに対する欲求は、Society 5.0の社会が例え機能面で万全な解決をもたらしたとしても、本当に人間がそれで幸せであるかどうかは別であることを示唆するものである。ＩＣＴによってもたらされる便益は、すべてが本当に人間にとって必要なものなのか、最適な状態を何の苦労もなく受け取ることは、人間の成長や知性、喜びを失わせることになるのではないだろうか、人間自身がすべきこととＡＩにやってもらうべきことが何かを考えなければいけないだろう。

これらは情報社会、Society 5.0だから出てくる課題ではなく、これまでも存在していた課題であり、ＳＤＧｓの提唱と重なって解消されるのであれば、望ましい社会となるだろう。教育現場においても、これらの課題解決を意識した取り組みをすべきである。

六　農林業教育におけるＩＣＴの展望

専門の農林業研究および教育の柱として、国のＩＴ戦略にあるスマート農業が現在重要な位置づけにある。しかしながら、もう一つのキーワードである「環境」、そしてＩＣＴに内在するその特性から、スマート農業はその枠組みをより拡充していくことになるだろう。

世界的に「環境」問題への関心が高まっているのは言うまでもないことであるが、農林業においても例外ではない。令和3年5月には、農林水産省が「みどりの食料システム戦略」を策定し、生産力の向上と持続性の両立を技術革新で実現することを表明している。この中では、２０５０年耕地面積に占める有機農業の取組面積の割合25パーセント（１００万ヘクタール）など意欲的な目標も掲げられており、とくにＩＣＴへの期待が大きいと考えられる。

地球温暖化など気候変動への対応や省力化とつながる除草、病虫害防除での物理的技術の開発が注目されがちであるが、有機農業の基礎となる土壌管理、生物・生態的防除の技術開発も求められる。これらについては、品種の選択、輪作・間作、作期の調整など篤農家の技能として、一般化されていない側面も多く、ＡＩの活用も一つの手段となるだろう。

また、理化学研究所が、農業生態系の植物・微生物・土壌ネットワークのデジタル化に成功するなど、有機農業の圃場で起きている生物・無生物間の営みを把握できる可能性もでてきている。このような技術を気象情報等のビッグデータと結びつけることで、ＡＩとともに有機農業の技能的側面の一般化、科学的解明に寄与することが考えられる。本学の名称にも農林とともに環境の文字が入っており、このような農林業に環境の要素を加えた新しい研究・教育の一翼が担えるようになることを期待する。

もう1点、ＩＣＴの特性は、垂直型ではなく水平型のつながり、最大化ではなく最適化である。広範囲に存在する多くの人が上下の区別なく関わり、様々な知見を集積することで、大きな問題の解決につなげていく。

大規模な装置型のＩｏＴだけではなく、小さな取組をつなげ合わせたところにＩＣＴの重要なポイントがあり、情報リテラシーレベル、応用基礎レベル、エキスパートレベルのそれぞれで可能な取組を集積することがＩＣＴ本来の力を使ったスマート農業のさらなる展開につながることになる。情報リテラシーレベルの学生であっても、圃場のデータや気づきを収集することは可能であり、それを全体としての応用につなげる仕組みをつくることである。４年制大学と短期大学を併設している本学でも全学生が関わっていけるようなスマート農業の研究・教育のあり方を構築していくことが望ましい。

引用・参考文献

中山泰一他　２０１７「高等学校情報科における教科担任の現状」『教育とコンピューター』Vol.３No.２
松尾豊　２０１５『人工知能は人間を超えるか　ディープラーニングの先にあるもの』株式会社ＫＡＤＯＫＡＷＡ
松山恵美子・石野邦仁子　２０１９「大学における情報教育と課題―さまざまな領域の基盤に繋げていく情報活用能力の育成―」『淑徳大学研究紀要（総合福祉学部・コミュニティ政策学部）』53
文部科学省　２００２『情報教育の実践と学校の情報化～新「情報教育に関する手引」～』
文部科学省　２０２１「ＧＩＧＡスクール構想の実現に向けたＩＣＴ環境整備（端末）の進捗状況について（確定値）」

コラム4　スマート農業

21世紀の農業は革命の時代に入っているといっても過言ではないだろう。「スマート農業」は、革命のキーワードである。「スマート農業」とは、「ロボット、AI、IoTなど先端技術を活用する農業」と定義づけられている。既に一部の技術は実用の域から普及の域に達している状況である。

「スマート農業」は、高齢化や農業従事者の減少の問題解決への切り札となり得る技術である。日本が誇る「高い生産技術」による高品質な農産物の生産をさらに高めていくためには、必須の技術である。「スマート農業」と一口に言っても、露地作物の世界では、自動運転トラクター、ドローンを活用した農薬散布、センシング技術等がある。また、施設園芸においては、IoTを活用した環境制御技術、自動収穫ロボット等様々である。

「スマート農業」の普及にあたり今後期待したいことについて、主に2点、述べていきたい。

「スマート農業」の中で、今トレンドとなっているものの1つは、ドローンであろう。既にドローンを用いた農薬散布は実用段階であり、今後、普及させていくためには、活用しやすい環境を整えていくことが大切である。

そのために、今まさに担い手への農地集積が進んでいる。農地が集約されれば、ドリフトのリスクも低減することができ、よりドローンの活用がしやすくなる。さらに、静岡県では、露地野菜における秋冬野菜の生産が非常に盛んであり、近年も拡大志向である。集積が進めば、ドローンの活用により、生産性の向上が大いに期待できる。また、生産部会やグループでの共同利用によりさらなる利用促進が図られるだろう。

「スマート農業」について、もう1点期待したいことは、「熟練農業技術」の見える化である。日本の農業の強みは、やはり「高品質」かつ「安定出荷」ができることである。これは、日本の熟練農業技術の賜物である。この技術を何としても次世代に引き継がれるものであって欲しい。そこで、AI（Agri-Infomatics 農業情報科学）の活用である。例えば、熟練農業者が作物体のどの部位を観察し、理想的なイメージとどう違うのか、それにより管理をどう調整するのかを学び、生育診断とその活用技術の習得を支援するシステムを現在、農林環境専門職大学において、学生たちに実践し始めているところである。我々もさらなる研究をもって進めていきたい。

最後に、スマート農業技術が今後さらに進化しても、農業は天候や環境の変化を敏感に受けるもの。やはり最後は「人間の目による作物の観察」である。熟練農業技術は植物の変化を見逃さない。絶妙なタイミングでの潅水、追肥、土寄せ、摘果・摘葉などの作業が行われている。教育者でもある我々が肝に銘じなければならないのは、農業の基本は、植物を「観察する」ことである。人間の目、スマート農業技術との融合が、さらなる先端技術へと発展していくだろう。

そして、みんなが幸せになる産業としての農業であって欲しい。私も学生たちに伝えていくことで、その一躍を担っていきたい。

（坂口　良介）

図　ドローンによる農業利用は普及段階を迎えている

第二部　人材を活かすこれからの農林業ビジネス

第五章　イチゴ品種の開発・普及から得た「実践型」の学び

竹内　隆

一　「知る」こと

はじめに

これからの農林業を支える人材の教育とは何かと考えたとき、「理論と実践を結びつける教育」という言葉が第一に思い浮かぶ。情報が錯綜するこの時代だからこそ、理論と実践が融合した実践型の教育が、これからの農林業ビジネスに携わる人材育成の原点であると考えているからだ。

実践型の研究教育の重要性は、筆者がイチゴの品種改良を通じて学んだことでもある。〝紅ほっぺ〟の開発と普及に関わった時期を中心に、回想的に述べさせていただくことでこの想いを論じたい。

イチゴとは

そもそも、イチゴとはどんなものなのか。話を進める前に、まずはその特徴を知っていただきたい。「イチゴ」と聞くと、おそらく多くの人は、「赤い」、「かわいい」、「甘い」といったワードが想起されてくるだろう。イチゴは、味覚（おいしい）、視覚（赤くてかわいい）、嗅覚（香り高い）を満足させてくれ、加えてビタミンC、ポリフェノール類など栄養価も高く、万人に好まれている。生食だけでなく、ケーキ、パフェ、ジェラート、ジャムなどに主役として利用されることからも、圧倒的な人気がある。バラ科であるが草本性のため、生産場面では野菜に、流通場面以降は果実とされ、メロンと同様に「果実的野菜」として分類されている。果実は傷みやすく日持ちしないため、生食イチゴの殆どが国産である。このことから、国産志向の消費者は安心して買い求めることができ、食するときに廃棄する部位は「がく（へた）」の部分だけであり、簡便にまるごと食することができることでも人気がある。このように、国内産イチゴの需要は堅調である。

一方、供給側（生産者側）からみてみると、多くの労力を必要とされるとともに、高度な栽培技術力も必要とされる品目である。栽培・収穫期間は長く、殆どの品種では、12月から翌年5月まで約半年間にわたる収穫期間であるが、苗の育成を含めると、栽培期間は草本性でありながら実に1年半に及ぶ。この間、夏の暑さ、冬の寒さにも耐えながら、シーズン通して綺麗でおいしい果実を安定的に収穫していくには相応の技術力を必要とされる。また傷みやすいので収穫やパック詰め、輸送などに細心の注意が払われている。以上がイチゴの主要な特徴である。

品種改良の幕開け

さて、静岡県農業試験場（現農林技術研究所）におけるイチゴ育種は昭和31年に開始され、昭和63年までは野菜栽培研究の枠組みの中で細々と実施されてきた。おりしも、バイオテクノロジーブームの頃である平成元年に、農業試験場内に生物工学部が設置され、その中に新設された育種研究部門にイチゴの育種研究が正式に位置付けられた。

筆者は平成元年に生物工学部育種研究部門に異動し、試行錯誤で育種研究を開始することになった。当時のイチゴ育種は国や県の公立研究機関が主体となって実施しており、民間業者では殆ど手掛けていなかった。このため、イチゴにおいては、新品種の育成のみでなく、栽培技術開発や栽培指導についても種苗会社等の民間に頼ることはできず、全てが公的研究機関の任務となっていた。これは他の野菜と大きく異なる点である。この状況の中で、まずはイチゴを「知ること」が最優先課題であり、何から手を付け、何を優先的に行うべきかの選択に迫られた。

既存品種の特性を知ることが近道

当時、研究における心得として、「研究の糸口がみつからないときは品種を当たれ」という言葉があった。その意味は、「思うように研究が進まず壁に当たった時、複数の品種を扱うことで研究手法の糸口がみつかる場合が多い」ということである。同じ品目（種類）であっても品種特性は千差万別であることから、実験においては多種多様の品種を扱い、処理の違いによる品種反応を調査することで、その処理の有効性が判別しやすいということである。このことから、イチゴを理解するにはまずは品種を知ることが重要だと考え、保有している約60種の品種・系統の早晩性、収量性、草姿、果実硬度、食味、Ｂｒｉｘ糖度等を調査し、育種素材として有望な品種・系統を選定した。全品種・系統の主特性値から主成分分析（多くのデータから、特徴を分類する分析手法）を行ったところ、優良品種は同じグループに分類されたことから、優良な遺伝子を少しずつ集積していく育種法が重要であることを明らかにした。こうして、短期間で効率的な実学を学ぶうえでは、複数の品種を扱うことが極めて有効であることを痛感した。

次に早生品種育成のための遺伝性調査、炭疽病抵抗性品種育成のための幼苗選抜手法の検討を開始した。さらに、早生性の年次変動、草型関連形質の遺伝性、主要な形質間相関と遺伝性、果房形態特性、連続出蕾性、幼苗選抜法、組み合わせ能力等を検討していったが、やはり重要なのは栽培力と観察眼・選抜眼であるとの認識に至った。育種にあたっては、品種の特性判断ができないまま個体・系統選抜することは絶対にできない。さらに、土づくりから、栽培終了後の片付けまで、一連の栽培を自らできるようになってから、栽培上の品種の長所や短所がやっとみえてくる。イチゴで言えば、子苗増殖のしやすさ、発根のしやすさ、不要腋芽の少なさ、果房内の着果位置からみた収穫のしやすさ、果実離れの良さ、摘葉のしやすさ、摘花のしやすさ、収穫済み果房摘除のしやすさなど、細かなところではあるが作業中の観察から得るものが非常に多い。品種には様々な特徴があり、有望な品種といえどもパーフェクトなものはありえず、欠点も少なからずある。この欠点が栽培技術により克服可能であるのか、否なのかの判断力が必要となる。前者であれば実用的な品種になりえるし、後者であればなりえないのである。品種開発の仕事は泥臭く、絶えず植物を触り、観察しないことには始まらない。こうして、「知っている」を増やしてなんとか作れるようになるまで10年程度を要した。初心者が1年1作であるイチゴを無難に栽培できるようになるまでには、とにかく経験年数が必要であると実感した時期である。

二　「できる」こと

〝紅ほっぺ〟の誕生秘話

前節の「知る」ことに続き、本節では紅ほっぺ〟の開発経験から「できる」ことについて述べてみたい。〝紅ほっぺ〟は、平成6年の2月に〝章姫〟と〝さちのか〟を交配したものの中から選抜した。実生一年次の選抜は、試験場内の土耕栽培で実施していたが、一年次個体の中で、ひときわ目に留まった個体があった。果実が長円錐形で形がすばらしく、大果性に富み、果皮色が鮮明で美しく、果実裏側（マルチ面）の着色も良好であり、ひときわ目に留まった。今でも覚えているが、本学のC棟校舎の西に位置する農林技術研究所のハウスの最東の畝に定植されていた1個体であり、このハウスが〝紅ほっぺ〟の生誕の地であることは誰も知らない。数多い実生個体の中でひときわ目に留まった個体を発見することは、筆者のこれまでの経験上でもほかにない。

育成系統番号を付与し、試験場内での特性検定のほか、各地で現地適応性試験を実施した。その結果、多少の問題はあるものの、栽培がし易く、当時普及していた〝章姫〟と同等以上の収量性、大果性および果実の硬さを有し、適度な酸度があり食味が良好であることが確認され、有望であると認められた。平成11年3月に〝紅ほっぺ〟という名称で静岡県として品種登録を出願し、種苗法に基づいて平成14年8月に品種登録された。〝紅ほっぺ〟の品種名は、果心部まで赤いことと、ほっぺが落ちるほどのコクのある食味であることを表しており、親しみを持たれることを願って筆者が考案した。一般県民や、イチゴ生産販売指導関係者等から広く名称を募集したが、既存の品種名と酷似したものや、「するが……」、「静……」など、静岡の地名を入れたものがほとんどであった。〝紅ほっぺ〟は、地域色が強い名称が多い中、広く全国展開した場合を考慮したネーミングでもある。

普及までの長い道のり

品種登録申請の直前（平成10年度）までは、〝紅ほっぺ〟の栽培に関心があるのは県内で1農協のみであった。当該農協の部会長と副部会長が〝紅ほっぺ〟の可能性を信じて試験栽培を継続してくれたのが〝紅ほっぺ〟の普及における原点であり、当時の普及指導員のS氏（のち退職してイチゴ農家に）の強力なサポートの功績も極めて大きい。

平成11年度に、〝章姫〟と異なる特徴が発揮できる品種として位置づけ、生産技術・販売対策を検討する「〝紅ほっぺ〟の栽培普及に向けた検討会」を設立した。当時の専門技術員が、これこそ専門技術員の業務という認識のもと、事務局を進んで受け持ってくれた。この中で、試験・調査項目と役割分担案（農試・現地）を筆者が作成した。試験栽培の規模は、2農協で1万4800本、作付面積20アールとわずかであった。現地試験では、生産者や関係者から様々な指摘を受けた。〝紅ほっぺ〟を大手の市場に試験出荷したときには厳しい評価がなされ、悲嘆にくれた。パック内のばらつき、青い果実のゴリ感とすっぱさ、手ずれなど、酷評を受けたのである。こうしたことから翌年には、大規模生産者の一人が〝紅ほっぺ〟の栽培を断念してしまった。発信力が極めて強く信頼もしていたこの生産者の離脱は、筆者にとっては大変なショックであったが、別の生産者は「大規模生産に適する品種だ」と継続して栽培し、当該農協管内の評価を高めていった。

このように試験出荷物の市場調査での荷傷みの問題が指摘されるたびに、出荷規格を何度も検討していった。試食販売も行ったが、ロットが少なく良否の判断ができない状況でいた。しかし、様々な課題があった中でも、農協の指導担当者の「竹内さん、この品種は将来大化けするかも知れないよ」の一言に大いに勇気づけられた。一方、他の農協における〝紅ほっぺ〟の評価は、このときまで依然として低かった。年内収量が〝章姫〟に比べて明らかに少なく、それを問題視していたからである。さらに追い打ちをかけるように、試験場内の栽培技術研究開発部門では、〝章姫〟が全盛期の中で〝紅ほっぺ〟を研究の材料に用いる考えは一切なかった。

「知っている」から「できる」まで

そのため、現在は統廃合された農業試験場の分場担当者の協力を得ながら、育種担当の筆者が中心となり栽培法を確立する決心をした。品種特性を発揮させる栽培法を確立するうえでは、品種間差異を知る必要があること、栽培の処理方法によりどのような品種反応があるのかを調べることが重要であった。例えば栽培管理技術の確立試験の中では、葉数の管理法、摘花の方法、芽数との関係等々を調査していく過程で、極端な処理区を設けることで「イチゴとは」を知ることができた。栽培研究を通じてイチゴのイロハを覚えることができたのである。このように、推奨する栽培基準や栽培暦に従って栽培するだけでは、現場合わせができる応用力は身につかない。様々な処理をしてイチゴがどのような反応をするのか、視覚的に体感することの重要性を痛感した。実践技術とは、このような考え方なのであろう。とかく圃場実習では、優れた農産物の生産を一義的にとらえ、マニュアルどおりの栽培技術を教え込もうとしてはいないだろうか。品種の特性を調査し、栽培基準を作成していく過程の中で、なぜそうなるのか、こうやるとどうなるのかと極端な処理をして自ら学んできたことが、自身の栽培技術のスキルアップにつながったと思う。すなわち、「知っている」から「できる」にまでにスキルアップできた。そして、体感しないと身につかないことを思い知らされた。この頃から、画像、動画などによる疑似体験も有効ではないかと思うようになった。

平成13年度になり、〝紅ほっぺ〟の生産・販売方針を県下全体で検討していく旨がついに方向づけされた。それまで個々の農協の有利販売のみ目標にされていたが、〝紅ほっぺ〟という新品種がきっかけとなり、県内の生産者団体が同じ方向を向くことができた。「静岡イチゴ」のブランド力を発揮させるうえで、〝紅ほっぺ〟という新品種の存在が大きく貢献したものと考えている。のちに半杭真一は、イチゴの新品種とブランド化における計量的研究において、「育成地を示唆するネーミングの品種は、許諾を受ける側の産地にとっては他の産地名を冠した品種であるため、積極的な導入には繋がりにくく、シェア拡大には限界が生じるであろう」ということ、さらに、「〝紅ほっぺ〟は『京浜市場で売るため』という明確な販売戦略に基づいて、育成地名を示唆しないことと県外許諾により、産地戦略と合致したネーミングとなっている」と総括している（半杭　２０１６）。育成者としての想いが、着実に現実のものとなってきた時期である。

品種登録されても課題解決に奔走

こうして栽培技術の確立や、種苗の取扱いについて協議を行う中で、平成14年7月についに品種登録された。筆者は、試験栽培のポイントを改正しつつ、関係機関である野菜振興協会や園芸技術員研修会での情報交換を繰り返し、共販出荷面積はやっと約3ヘクタールとなった。平成15年度には、栽培マニュアルである、「紅ほっぺの特性と栽培技術」の冊子を作成して、生産者団体からイチゴ栽培農家全戸に配布された。共販出荷面積は約11ヘクタールとなり、11農協に作付けが拡大された。

イチゴの出荷では、当時は県下で１００を超える市場に分散出荷されていたが、〝紅ほっぺ〟の販売を契機に徐々に市場が集約されていった。

また、平詰め（一段詰め）であるDXパックの試験販売開始で、大きな果実の荷傷みが解消された。〝あまおう〟や〝さがほのか〟のDXパックが小売りで認知されるようになったことから、〝紅ほっぺ〟でも取り組むことができたのが事実である。それまで、筆者も平詰めパックを提案してきたが、平詰めにすることでパックが大きくなり、女性が底のイチゴのつぶれを片手で確認できない、小売り店舗における陳列面積が大きくなってしまう、などと一蹴されてきた。川下におけるブランド力や市場占有率が低いことによる発信力の弱さを、他県のイチゴを通してまざまざと見せつけられた。

その他の現地対応として、苗を不法に販売しているとの情報に基づき注意喚起に出向くなど、問題が生じると全て育成者の身に降りかかることが多かった。また、予期しない大きな問題も浮上した。平成15年度の冬、県内のとある果実店のHPに「〝紅ほっぺ〟はO店の登録商標です」と記載されているのを発見し、調査したところ、平成15年12月19日付けで「菓子・パン・果実」で商標登録されている事実を確認した。県は、平成16年3月に特許庁に異議申し立てを行ったが、平成17年5月23日付けで、「果実」のみ取り下げができたものの、「菓子・パン」の取り下げはできなかった。この経験が、筆者や生産者団体における、後の「きらぴ香」の商標取得の考えに活かされた。

三　「関わる」こと

新品種のブランド化に向けて

「知る」こと、「できる」ことに続いて、本節では「関わる」ことの重要性を述べてみたい。

平成17年度、全体会議において、産地戦略、販売戦略、栽培技術解析のとりまとめを行った。後輩研究員の試験結果も合わせて、冊子「〝紅ほっぺ〟の特性と栽培技術（改訂版）」を作成して経済連を通して生産者全戸に配布された。また、ポスター「写真でみる〝紅ほっぺ〟の栽培指針」も作成して配布した。共販出荷面積は約40ヘクタールとなった。出荷市場の見直しが着々と行われ、京浜3社、県内4社を重点市場として販売されていった。平詰めDXパックでの販売が拡大し、出荷規格の見直しも絶えず行った。

平成18年度は、生産者団体がイチゴ品種方針をついに打ち出した。18年度50パーセント、19年度100パーセントに〝紅ほっぺ〟に品種転換する明確な計画を設定したのである。農業試験場から供給する無病苗も全て〝紅ほっぺ〟に品種転換した。これに合わせ、「いちご栽培技術指導研修会（紅ほっぺ栽培研修会）」を全県で定期的に開催した。農協、経済連、農林事務所、農業試験場が一体となって進めることができ、共販出荷面積はついに約100ヘクタールとなった。消費宣伝活動が強化され、出荷規格も再検討されていった。PR宣伝費の生産者負担の増額案については喧々諤々であったが、半年かけて出荷パック当たりの宣伝費徴収額が定められた。

この間、〝紅ほっぺ〟の特性理解と安定栽培を支援するために、現地講習会や視察講習などを積極的に実施した。平成17〜18年度は普及活動の重要な年であり、筆者と後輩イチゴ研究員3名で分担して実施した。この2年間だけで計303回、延べ7343人へ普及啓発指導を実施したことになる。

また、平成18年11月に、「全国〝紅ほっぺ〟いちごサミット」を静岡市で開催した。ひとつの研究成果について、県が全国展開で事業化した極めて稀有な事例である。

県外では、本県の生産者団体よりも、E県の農協がいち早く〝紅ほっぺ〟に関心を示し、平成12～13年度には、遠路5～6回、栽培期間中の主要な時期に来場した。四国から軽自動車で視察に来る姿や、当地での今後の普及体制を想定して普及員とともに視察に来る熱い姿勢に感動したことを覚えている。

その他の県外からの栽培許諾要望も次々とあり、要請があった場合、栽培指導に極力出向いた。愛媛県、島根県、愛知県、三重県、長野県、兵庫県等から講師派遣要請があり、〝紅ほっぺ〟の全国ブランド化を目標に掲げて出向いた。

一方で、個販生産者への苗の供給方法に思案しているとき、M種苗から、許諾したいとの申し入れがあり、平成14年度から許諾契約を締結した。個販生産者への種苗供給の道筋がつけることができた。その後、MK種苗など、複数の種苗業者と契約を締結することができ、栽培の基本である種苗安定供給の体制が整った。〝紅ほっぺ〟は、令和2年度現在、種苗会社10社、生産者団体7団体の計17か所と許諾契約を締結している。また、生産者団体の積極的な働きかけにより、〝紅ほっぺ〟を使用した関連商品も次々に販売され、ブランド力が増強されてきた。

多角的な視点でとらえる力

筆者はイチゴ無病苗の増殖・供給事業も担当した。栄養繁殖性であるイチゴの原種を育成地で厳格に保存し、ここからの原苗を産地に有償で安定供給する、県の生産振興事業である。茎頂培養、ウィルス検定、生産力検定などを実施し、細心の注意を払って無病苗を増殖供給することは、精神的にも重い任務であった。このように、〝紅ほっぺ〟という品種の開発から普及までの過程を経験してきたことで、種苗の確保から栽培、販売、消費に至るまでの全ての一連の動きを、多角的な視点でとらえる考え方を身に着けることができたと感じている。

通常、品種育成や栽培技術等の開発まですれば任務が完了したと思うものだが、流通や販売等、消費者に届くまでを俯瞰できなければ、さらなる研究にフィードバックできない。ひとつのものを普及していくうえでは、様々な立場の人が関わっており、この「関わる」経験から「生みの親」より「育ての親」であるということを実感するとともに多角的な視点から俯瞰することの重要性を認識できた。これは研究員に対してのみでなく、生産者の立場としても共通して言えることであり、多くの関わりを感じながら農産物を生産・出荷する必要がある。〝紅ほっぺ〟での経験値と信頼関係があってこそ、次の品種〝きらぴ香〟の育成や普及戦略を構築していく過程でも、関係者と一丸となって進めることができた。

このように、生産者の立場で考えたとき、農村社会で生きるためには地域との付き合い方が非常に重要であり、有坪民雄が述べるように、生産者団体との共存共栄の考え方（有坪　２０１９）もしっかり認識する必要がある。

四　理論と実践

実践技術に理論を乗せる

平成19〜20年度は経済連技術コンサルと連携し、農協技術員の指導力強化を目的とする講習会を毎月実施した。かつての農協技術員は、先輩と新人の二人三脚で生産現場を指導してきたが、近年では新人がいきなり一人で現場指導する状況になっていること、さらに人事異動も激しいことから、技術レベルの向上が喫緊の課題であった。農林技術研究所の研究員もこれに呼応し、営農指導員への講習会では、座学のほか現地巡回や花芽の検鏡方法などの実習なども取り入れた。こうした技術連携により、研究機関と指導機関や現場との良好な関係を継続できていると考えている。若い技術員は知識習得や技術向上に飢えており、技術支援は極めて重要である。現在でも、花芽検鏡の実習をはじめとして、後輩研究員らが中心となり、技術指導を継続している。

平成23年度には、就農5年以内程度のイチゴ生産者を対象に、「イチゴ栽培技術力ステップアップ講座」を年3回シリーズで実施した。反響が大きく、翌年度も同様に年3回実施した。講師は筆者の他、後輩研究員、経済連コンサル、経済連販売担当で分担した。

求められるスキルとは

その後、ステップアップ講座で使用した資料を関係者の協力のもと、大幅に加筆修正し、令和2年度に冊子として製本された（イチゴ栽培技術力　ステップアップ講座推進委員会２０２０）。この冊子では、画像や手製の模式図等を駆使し分かりやすい表現を心掛けたが、一方で限界を感じた。やはり近年流行りのＹｏｕＴｕｂｅなどの動画にはかなわない。タブレット等による動画視聴等で疑似体験することや、大規模経営体における企業実習などで生産工程や労務管理について体感することが、専門スキルを身につけ、さらにはジェネリックスキル（社会人基礎力）をも高めるための有効な手段であると思う。

「知る」だけでは作れない。「作れる」だけでも売れない。「関わる」ことまでできるようにすることだ。筆者が研究と普及という仕事の中で経験して感じてきたことであるが、理論と実践を結びつける教育を通じて、今後の農林業の担い手に求めたいスキルだと考えている。

五　「産地」を守り支える人材を

求められる法人へ

近年、農業生産を支える担い手の減少と高齢化、農産物価格の低迷など、農業を取り巻く情勢は厳しい状態にあり、その一方で、新たな担い手として、農外からの新規参入者の増加や企業の農業参入等、新たな農業の動きも見られ、農業の構造が大きく変化していることが観察されている。今後、農業が産業として発展するためには、力強い経営体が多数生まれ、効率的かつ安定的な経営体が農業生産の大部分を担う農業構造になる必要がある。

大須賀隆司は県内を代表する先進的な１２０経営体の事例から、農業者がビジネス経営体へと成長発展する過程を解明した（大須賀　２０１６）。その結果、法人経営の販売金額は、個人経営に比べ２・2倍と大きく、法人化により経営規模の拡大が図られていることが判明した。一方、法人化した経営主の年齢は、45～49歳が最も多く、販売金額が大きな経営ほど、年齢が低い傾向が見られた。またいくつかの法人においては、「法人化」と「正規社員の採用」をきっかけとして、経営の大幅な規模拡大を図ったり、組織を効率的な体制へと改変させたりしている。法人化のメリットは、経営管理能力の向上、対外信用力の向上、人材の育成・確保、事業・経営継承等、複数ある（新農業経営研究会編　２０１９）。実際、本大学の学生の志向や意見を聴くと、就職先の選定においては法人であることが必須条件ともいえる。

専門職大学（とくに短期大学部）の使命

「生物の生産」を行う農林業では、工業製品のようにマニュアルどおりに画一的にできるものではない。現場の生産環境に応じて生物の成長を促す「現場合わせ」が重要になる。この「現場合わせ」ができる能力＝「現場力」は、単に作業手順を覚える実習だけでは身につかない。なぜその作業をするのか、なぜ今やるのか、やらないとどうなるのかなど、実習を通じて体感しつつ理論も同時に覚えることで、はじめて「現場力」が身につくものである。本学の学生たちは今、「現場力」を養うとともに、新技術や流通・加工・販売への対応能力や農林業の多面的機能も学んでいる。農林業は生きる源を育む仕事であり、世の中で最も必要とされる分野で、やりがいをもって進めたい。栽培技術能力だけでなく他産業や地域内で共存共栄できるような社会的能力を兼ね備えた人材の育成に励みたい。

本来、専門技術や社会人基礎力のスキルアップには多くの歳月を必要とする。このことから、紙媒体での座学のみでなく、動画や経験談等による疑似体験ができる手法を用い、短期間で習得できる取り組みが急務である。すなわち、後藤昌人が述べるように、「実践」に結果として「勉強」がついてくる状況が教育プログラムの中にも自然と反映され、基礎教育と、実践への応用を見通したハイレベルな専門教育が、専門職大学の教育プログラムに必要である（後藤　２０１４）。

専門職大学では職業教育が使命である。マニュアル通りの作業実習だけでは不完全であり、講義、実習、企業実習、プロジェクト研究を通じて、体感できる実践教育が求められ、それを評価しながら体系づけた教育プログラムが重要となる。

今、我々教員に求められているのは、専門スキルは勿論のこと、ジェネリックスキルを加えたカリキュラムが、本学の学生の資質に見合って編成されているのか間断なく検証し、フレキシブルに改善していくことである。さらに、学生、教員ともにこのカリキュラム編成の意図を共有化することが重要である。学生たちには、これらのスキルに加えて、力強いマインドを有して巣立っていくことを望みたい。

引用・参考文献

有坪民雄著　２０１９『農業に転職！』　プレジデント社

イチゴ栽培技術力　ステップアップ講座推進委員会　２０２０『イチゴ栽培技術力　ステップアップ講座』

大須賀隆司　２０１６「静岡県農業の成長を支えるビジネス経営体を育成するための経営発展モデル」『あたらしい農業技術№６２１』静岡県経済産業部産業革新局研究開発課

後藤昌人他　２０１４　金城学院大学人文・社会科学研究所紀要　金城学院大学人文・社会科学研究所編

新農業経営研究会編　２０１９『儲かる農業ビジネス』　静岡新聞社

半杭真一　２０１６「イチゴの新品種を活用したブランド化に関する消費者行動の研究」　福島県農業総合センター研究報告

コラム5　農業生産とLED

作物を育てるためには、光は必要不可欠な要素である。光合成は光エネルギーを利用し、二酸化炭素と水から有機物を作りだす植物の生化学反応である。もちろん私たち人間にはできない。この光合成は二酸化炭素濃度、温度、湿度、光の強さ等に影響を受ける。形を変えて世界中で発展してきた農業は、近年、植物工場での生産が行われ、蛍光灯やLED照明の利用が進んでいる。実は蛍光灯の「白色」とLEDの「白色」では色の中身が違う。私たちが目に見える光は虹の7色に代表されるように紫、藍、青、緑、黄、橙、赤といったところだ。太陽光はこれらすべての色を含んでいるのに対し、蛍光灯やLEDの白色は、特定の方法で発光させた人工的な光のため、すべての色を含んでいない。LEDは蛍光灯よりもさらに波長領域（色）の限られた光で、2色以上の光を混ぜて白色にしており、より多くの色を組み合わせることで自然な白色に見せている。LEDの開発により波長領域の狭い単一光照射が可能となり、植物工場では光環境を自由にコントロールすることができるようになった。一方、光技術は植物の生育だけでなく、病害虫防除や収穫後の貯蔵管理にも応用されており、研究と実用化が進められている技術情報を紹介する。

【赤色LEDで害虫を抑制】ミナミキイロアザミウマは、温室メロンの葉や果実に加害し、かすり状の傷を生じる。メロンの播種直後から赤色LED光（波長620～630ナノメートル）を照射したところ、アザミウマの数が少なくなることが明らかになっている。これは赤色光により害虫が葉を認識できないことに起因していると推察される。また、ガラス温室での定植後のメロン株においても、成幼虫に対する赤色LED光照射の効果が報告されている。

【カーネーションの生育促進に赤色LED】切り花用カーネーションへの赤色LED光照射により害虫防除と生育促進の効果が認められた。夜間、赤色LED、遠赤色LEDを照射した苗は発育が早く、開花促進効果に加えて茎が堅くなる効果がみられた。赤色LED光は、アザミウマ類の被害も軽減することができ、生産性と品質向上、農薬使用量の削減が期待される。ただいま産地での実用化を目指し、照射効果をさらに高める研究を進めている。

【ミカンの貯蔵性向上に青色LED】青色LED光（波長465ナノメートル）による青かび病菌、緑かび病菌の生育阻害、それらに由来するミカン果実の腐敗抑制効果について明らかにされた。青色光は可視光の中でもエネルギーが強く、かびの酵素活性を阻害しているとの報告もある。また、腐敗抑制に効果のある青色LED光と浮皮軽減に効果のあるジベレリン（植物生育調整剤）を組み合わせ、従来よりも長く貯蔵でき、損失を少なくできることも実証された。現在、カンキツ産地において普及し始めている。

【紫外線でイチゴのハダニを防除】イチゴ栽培における主要病害虫として、炭疽病、うどんこ病、ハダニ類、アザミウマ類などがあり、特にハダニ類は薬剤の効果が低下して防除が困難な状況にある。紫外線は人体にとって日焼けの原因となるが、その紫外領域の一つUV－Bを照射することにより、うどんこ病とハダニ類の両方の防除に効果があることが明らかとなった。近年、紫外領域のLEDも普及し始めており、薬剤以外の防除方法として注目されている。

こうした光技術は、国内をはじめとする生産現場での利活用が期待されている。

（山家　一哲）

第六章　これからの温室メロン生産

中根　健

一　温室メロンの歴史

メロンとは

メロンは植物学的には、ウリ科キュウリ属の野菜に分類される。大きく分けるとアールスメロンのように表面に網目が出来る「ネット系」と、まくわうりに代表される網目がないものがある。ネット系メロンの品種は果肉の色により、青肉種と赤肉種に分けられる。また、メロンは品種により栽培方法が異なっている。静岡県のアールスメロンなどは温室で栽培され、アンデスメロンやプリンスメロンなどは主にハウスや露地で栽培されている（**表1**）。

メロンの来歴

メロンの原産地は、アフリカ大陸とする説が有力で、特にニジェール川流域（現在のギニア共和国付近）に範囲を

表1　メロンの種類と特徴

メロンの種類	ネットの有無	果肉色	栽培方法	主な産地
アールスメロン	有	黄緑色	ガラス温室、ハウス	静岡、茨城
夕張メロン（夕張キング）	有	オレンジ	ハウス、トンネル（露地）	北海道
アンデスメロン	有	黄緑色	露地	茨城、熊本
タカミメロン	有	黄緑色	ハウス	
プリンスメロン	無	オレンジ～黄緑色	露地	熊本、山形、北海道
ホームランメロン	無	白色	ハウス、トンネル（露地）	熊本、長崎、愛知

絞っているものもある。メロンは、紀元前から、キュウリと同じように野菜として食されており、当時の文化の中心のエジプトに運ばれ、やがてギリシャ、イタリア、中近東、インド、中国などに伝播していった。今日のネット系のメロンは中世以降にフランスなどを経由して欧州各地へ広がったものに、食味の改良等を加えて作出された。また、日本には、中国大陸などから東洋系メロンのマクワウリやシロウリなどの系統のものが、弥生時代には伝播してきたようである（静岡県公式ホームページ（みかん園芸課ホームページ））。

今日のようなメロンの栽培は比較的新しく、日本での温室メロン栽培は、明治34～35年前後に、新宿御苑において、福羽逸人博士によって始められたと言われている。この時代のメロン栽培は農事試験場園芸部や東京農科大学での試験栽培及び貴族、富豪による趣味的な栽培が多く、営利的な栽培が開始されたのは、大正6～7年ころからであった。

実用技術としてメロン栽培の民間普及に貢献したのは、五島八左衛門氏で福羽逸人博士の指導の元、新宿御苑や、本場イギリス留学でメロン研究を重ね、東京の戸越農園や神奈川県大磯の池田農園に勤務しながら、温室メロンの栽培技術を多くの栽培者に指導した。

五島氏が袋井市在住のメロン生産者と交流が深かったことが、静岡県のメロン生産の発展に大きく貢献し、昭和初期から第2次世界大戦前までに技術が定着することにより、現在、静岡県が日本一の温室メロン産地となる基礎が築かれていった（鈴木　1991）。

静岡県でのメロンの最初の導入は、明治42年に、早熟栽培の発祥地である静岡市清水区三保（旧三保村）であった。大正5年にはガラス温室を利用したメロンの営利販売が開始され、大正6年には浜松市

（旧浜名郡芳川村）でガラス温室でアールスメロン〝エーワン〟の栽培が始まった（静岡県温室農業協同組合　1984）。

品種の変遷

大正期から昭和の初めにかけて各種の品種が導入された。これらの品種は全て、イギリスのガラス室用栽培品種を導入したもので、赤肉、緑肉、白肉の多数の品種が導入された。昭和初期には温室メロンといえば赤肉腫の〝スカーレット〟が常識であったが、この品種は甘味が不足していることより、大正14年にイギリスから導入された〝アールス・フェボリット〟に次第に代わっていった。導入当初の〝アールス・フェボリット〟は春秋期に適する品種であったため〝ブリティッシュ・クイーン〟を交配し、〝アールス・フェボリット〟との戻し交配と選抜を重ねることにより、現在の夏系が育成され、昭和40年ころからは系統間のF_1品種が利用され始め、現在はすべて系統間F_1品種が利用されている（瀬古　1999）。

栽培技術の変遷

メロンの導入当初の温室は両屋根式であったが、昭和5年ころにスリークォータ型の温室が普及し始め、年間4作の周年作付体系が確立され、昭和30年には、現在のスリークォータ型温室での温室メロン生産が本格化した。スリークォータ型温室は、建設方位が東西棟の単棟温室で、南北棟に比較して、透過日射量が10～15％優れるが、北側に弱光帯ができるため、この部分を取り除いたものである（佐瀬

２００３）。昭和41年には金網床栽培が開発されたが、ワラ床から発生する二酸化炭素不足に対応するため炭酸ガス施用技術が開発され、昭和39年にオランダから導入された蒸気消毒技術と併用することにより、土壌病害虫回避のために行う床土の入れ替え作業を省略することが可能となった。

また、昭和60年ころからはコンピュータを駆使した環境制御システムが試験され、暖房制御や天窓の開閉、炭酸ガス施用などの環境管理に利用されるようになった。昭和45年より、温室の大型化という動きが各地で見られ、オランダからのフェンロー型温室が各地に導入され始めた。温室メロンでも平成８年度に農業試験場でフェンロー型温室が次世代メロン温室として提案され、平成13年には浜松市（旧細江町）にフェンロー型温室による大規模省力栽培システムが導入された。フェンロー型温室はオランダで開発されたガラス温室で、屋根勾配が緩く、構造部材が細く光環境に優れる、建設費が安価などの特徴を持ち、連棟数を無限に増やすことが可能なため大型温室に適している（佐瀬　２００３）。

二　静岡県のメロン生産の位置づけ

令和元年生産農業所得統計によれば全国のメロンの作付面積は６４１０ヘクタール、都道府県別作付面積では静岡県は茨城県、北海道、熊本県、青森県、愛知県、千葉県に次いで7位の２６０ヘクタールとなっている。全国のメロン産出額は６０５億円、都道府県別産出額では静岡県は茨城県、熊本県、北海道に次いで4位の66億円となる（**表２**）。

温室メロン（アールスフェボリット系）に関しては全国の作付面積は６４４ヘクタール、都道府県別作付け面積は静岡県が249ヘクタールで1位となっている。静岡県のメロン生産は97％が温室メロン（アールスフェボリット系）という特徴がある。

東京都中央卸売市場の「青果物流通年報」によれば、令和2年のメロン類の取扱量は1万7581トンに上るが、品目別の取扱量はアールスメロンが最も多く4255トン（全体の24％）、次いでアンデスメロン2712トン（同15％）、タカミメロン2200トン（同13％）となっている。アンデスメロン、タカミメロンはネット系青肉メロンでハウス栽培が可能なことから比較的安価で供給される。平均単価はアールスメロンが最も高く、平均価格は847円／キログラムでありメロン類全体の平均に対して概ね1・8倍の価格である。

東京都中央卸売市場のメロン類の産地別取扱実績は、茨城県5955トン、熊本県2341トンに次いで静岡県は3位1955トンとなるが、平均価格はメロンに占めるアールメロンの比率が高い静岡県が最も高く1169円／キログラムとなっている（**表3**）。

表2　令和元年産都道府県別メロンの作付面積及び産出額

都道府県	作付面積	うちアールスフェボリット系	収穫量	うちアールスフェボリット系	産出額	構成比	順位
	ha	ha	t	t	億円	%	
全国	6,410	644	156,000	17,100	605		
茨城	1,250	116	37,600	3,170	123	20.3	1
北海道	958	…	23,400	…	94	15.5	3
熊本	872	…	24,400	…	104	17.2	2
山形	527	…	11,200	…	39	6.4	5
静岡	260	249	6,860	6,650	66	10.9	4

注：推計を行っていない品目は「…」とした。
（農林水産省「農林水産統計年報」「生産農業所得統計」　2019）

三　温室メロン生産の特徴

静岡県の温室メロン生産は大正後期から昭和にかけて、生産者の絶え間ない努力により急速に発展し、現在、面積、技術、品質ともに日本一となった。静岡県の温室メロン生産には以下の7つの特徴がある。

日本人の味覚にあった品種の育成

静岡県の温室メロン生産の特徴は、まず、品種が他産地とは異なることがあげられる。現在、静岡県で栽培されている温室メロンは〝アールス・フェボリット〟と呼ばれる品種で日本には大正14年にイギリスから導入され、静岡県には昭和7年に導入された。この品種は香りが少ないものの、甘みが強く日本人の嗜好によく合っていたため、赤肉腫の〝スカーレット〟に代わって次第に広まっていった。現在、静岡県で栽培されている品種は〝アールス・フェボリット〟を「おいしさ」を最重点に、日本人の味覚にあうように独自に品種改良された品種である。

表3　東京都中央卸売市場での産地別メロン取扱量

産地			全国	茨城	熊本	静岡	北海道	山形	千葉
数量		(t)	17,581	5,955	2,341	1,955	1,864	1,773	1,443
	うちアールスメロン	(t)	4,255	638	636	1,946	14	108	147
	同上比率	(%)	24	11	27	100	1	6	10
平均価格		(円/kg)	544	435	541	1,169	515	411	436
	うちアールスメロン	(円/kg)	847	457	601	1,171	491	366	606

(東京都中央卸売市場「青果物流通年報」2020)

一本の木に一つのメロンをならせる独特な栽培

メロンの仕立て方は、大きく分類して地這い栽培と立ち栽培がある。ハウスメロンや露地メロンは品種により、立ち栽培や地這い栽培が利用されるが、温室メロンは隔離ベッドで立ち栽培が利用されている。

立ち栽培は、集約的な管理がしやすく、高品質果の生産が可能である。温室メロンでは、親づる1本仕立てとする。1本の木にはおおよそ30～32枚の葉がつくが、その葉1枚1枚を大切にして、第11～14節の側枝から3つの側枝を選定して雌花に交配し、3個できる小メロンの中から最も形の良い一つだけを選定し、その果実にすべての養分が集中するようにしている。着果節位、葉数を揃えることにより果実品質が揃った優れた果実を生産することが可能である。一部のアールス系のメロンでは1本仕立てで連続2果着果する栽培も検討されたが、1果の生育が極端に悪くなり、ネットも不良になりやすいので、温室メロンでは、一本の木に一つのメロンをならせる方式がとられている。

高品質メロンの周年供給体制

導入当初、温室メロンの品種〝アールス・フェボリット〟は、春秋期に適する品種であって、高温期には雌花の着生が悪く、糖度も十分に上がらなかった。このため昭和16年にこの品種と〝ブリッティッシュ・クイーン〟を交配し、その後、〝アールス・フェボリット〟との戻し交配と選抜を繰り返すことによって現在の夏系の系統を育成した。育成された系統は、外観・肉質ともに〝ブリッティッシュ・クイーン〟の面影はなく、〝アールス・フェボリット〟の系統とみて差し支えない系統に仕上がった（鈴木　１９９１）。夏系の系統が育成されたことにより、温室メロンは春夏秋冬栽培することが可能となり、更に、昭和40年ころからは系統間のF_1品種が利用され始め、現在はすべて系統間F_1品種が利用されている。およそ20種類の品種を四季に合わせて栽培することにより、温室メロンの周年供給が可能となった。温室メロンは気温によっては種から収穫までの栽培日数が変わり、夏は85日と短く、冬は１１０日くらいとなる。温室メロンは周年で生産するため、１棟の温室で、１年に４・２回（育苗は別の温室で行うので、苗を植えてから収穫までの回数）栽培される。メロン農家は平均して１軒あたり８棟くらいの温室を持っているので、１年間に30回以上メロンを生産することになる。

日本の施設園芸をリードする高度な栽培技術

〝アールス・フェボリット〟は大変おいしい品種であるが、光や温・湿度、土壌水分に関して非常に敏感に反応するために環境条件を正確に制御できる施設が必要とされる。温度、光、水分の条件が適切に管理されないと本来のおいしさが発揮されず、それぞれの季節や気象条件の中で、最適な管理をすることが必要である。

また、品種改良の中で、作りやすさを優先しなかったため、耐病性等は付与されなかった。このため接ぎ木、土壌消毒、ＩＰＭ（総合的病害虫・雑草管理）の導入などにより適切な病害虫防除を行うことが必須になる。それに対して他県で栽培されている品種は、どのような条件下でも栽培が容易で、ネットが発生しやすく、見た目がよくなるように品種改良された品種であり、つる割れ病やうどんこ病などに対する抵抗性も付与された品種が多い。

スリークォータ型ガラス温室の利用

綿密な栽培管理をするため、静岡県のメロン栽培は、ほとんどが高度な環境制御が可能なスリークォータ型ガラス温室を利用して行われている。ガラス温室はビニールハウスに比べて、光の透過に優れる特性がある。ガラス温室の導入当初は両屋根型の温室が用いられたが、両屋根型の東西等の温室では、冬期に北側の部分に棟の影が生じ、南側と比べ生育が劣ることが問題となる。そこで、棟の位置を北側に寄せ、南側の屋根を大きくし、冬期の太陽光線を十二分に確保しようとするスリークォーター型の温室が試行錯誤の結果、導入されてきた。更には温室内でメロンの受光体制の改善を図るため、栽培ベッドが階段状に配置され、温室の南側に比べて、北側に行くほど高くなっている。

温室メロンの生育は、光の量に大きく左右され、一定の光量以下では、果実品質が急激に低下し、果実の小型化、ネット密度の低下、ネットの盛り上がりの減少、糖度の低下、食味の悪化をきたすことがある。静岡県は、日本の中でも冬期の日射量に恵まれた地域といえるが、スリークォータ型のガラス温室を採用することにより、冬期においても十分な日射量を確保することが可能となっている。昭和40年代にはいると、新しい温室建材導入により温室の大型化が図られ、現在はフェンロー型温室を利用した温室メロン栽培も定着しつつある。

隔離ベッドでの栽培

温室メロン生産では、交配期、ネット発生期、果実肥大期、糖蓄積期等、生育ステージによって適切な土壌水分状態に調整する必要がある。このため、静岡県の温室メロン生産では、栽培ベッドを階段状に配置した隔離ベッドを利用している。隔離ベッドでは、培地量が少ないために比較的簡単に土壌を乾燥することができ、綿密な水管理が可能である。また、隔離ベッドは土壌病害対策としても有効である。作物の根は土壌内を縦横無尽に制限なく伸長していくが、隔離ベッド栽培では栽培床が地面から隔離されているため、下層からの病原菌の侵入を防ぐことができる。また、土壌消毒では、蒸気消毒、太陽熱消毒、薬剤消毒などいろいろな方法が有効であるが、隔離ベッドでは、いずれの方法も、土壌容量が小さいため、土壌消毒が容易であり、土壌消毒の効果が大きい。

品質保証のしくみ

メロンの等級格付けは、戦後、生産される地方によって異なる等級を採用していたが、昭和33年の10月より県下全組合が全品目を富士、山、白、雪の等級格付けとし、現在に至っている。富士は外観・内容とも最高品質のメロンで、1000ケースに1ケースあるかないかの貴重品である。山は富士に次ぐもので、外観・内容とも良質なメロンである。白は外観・内容が標準的なメロンで、全体の6割程度を占めている。雪は外観・内容にやや難があるもので、主として加工用に使用される。

温室メロンを出荷するためには、その前に果実の切断検査を受ける。検査では出荷する箱の中から無作為にメロンを選び、検査員が、肉質、糖度、風味、熟度、食味を厳格に審査し、これらの項目すべてが基準に達して合格して、初めて本格的な出荷が許可される。温室メロンは、一つ一つが丁寧に箱詰めされ、一つ一つの果実にシールを貼って出荷される。シールは支所によってデザインが異なるものの、共通して生産者番号が記入されていて、どの生産者が栽培したものかを確認することが可能になっている。

集荷場に持ち込まれた温室メロンは、全て検査員による外観、内容、糖度等の品質チェックを受けて、検査基準に合格したものだけが出荷される。

四　温室メロンの品質

温室メロンは栽培が難しく、少しの管理ミスがメロンの外観に大きく影響する。このため、篤農家は、ネットの状況や果実の色、形などの外観から美味しいメロンを見分けることが可能であり、このため、

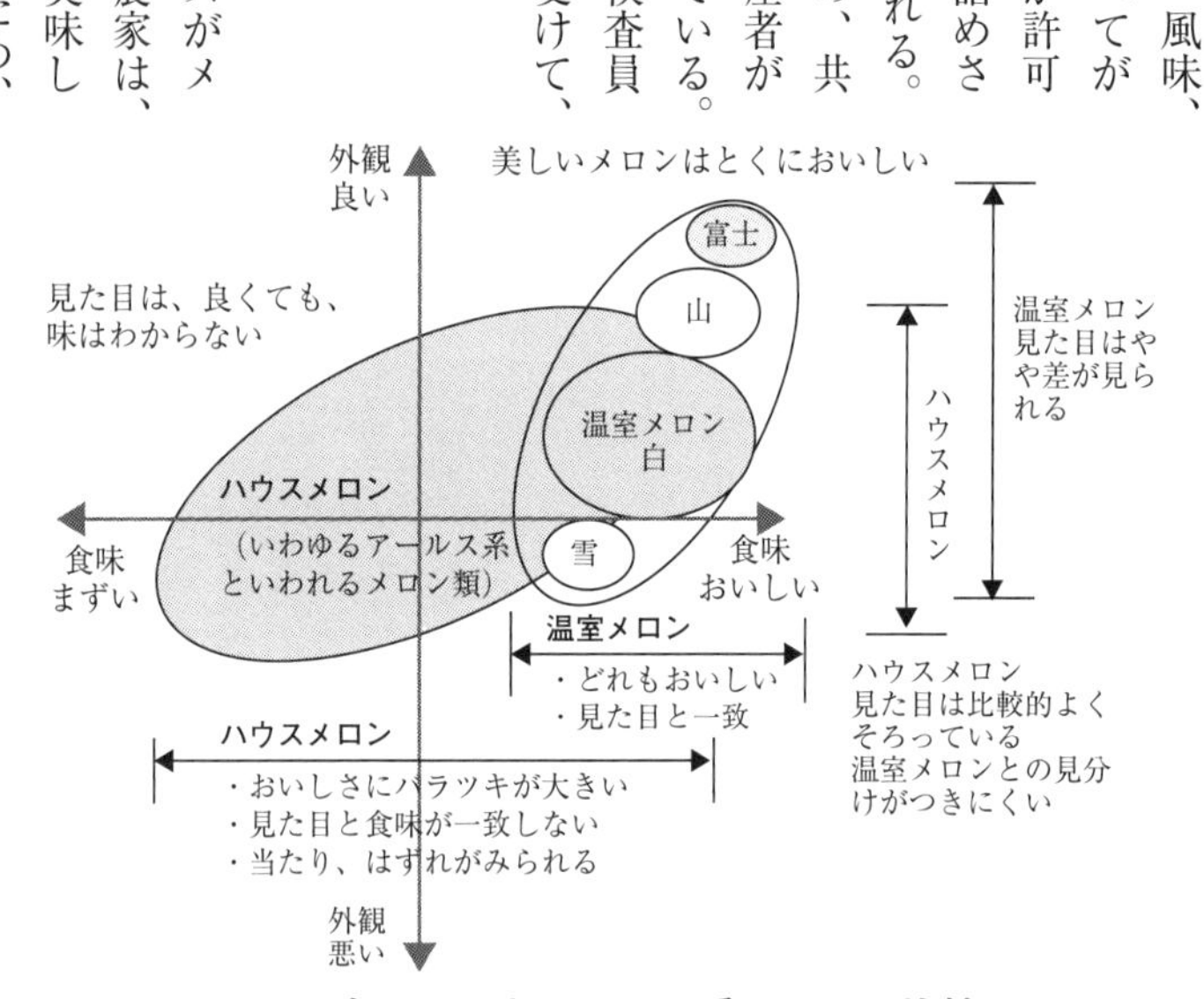

図１　温室メロンとアールス系メロンの比較
（静岡県農業試験場　2005）

温室メロンが販売されるときには、外観が重要になる。これに対して、他産地のアールス系のメロンは、作りやすく、外観は〝アールス・フェボリット〟と同等のものができ、ばらつきも比較的小さくなっている。ただし品種によっては、ネット等外観がよくても、一つ一つの果実の美味しさにはばらつきがあることがあり、果実の外観から美味しさを判断することは難しくなっている（図1）。

温室メロンに関しては、静岡県農林技術研究所の研究によって多くの知見が得られているので紹介する。

食べごろ時の果肉硬度と食味との関係

トマト、イチゴ、スイカ等は、収穫時の品質（食味）が最も高く、その後低下する（非クライマクテリック型果実）のに対して、メロンは収穫後、追熟により果肉が徐々に軟化し、香気が生成されて食べごろになるクライマクテリック型の果実である。食べごろは、一般的には果皮色等の外観の変化や、果皮からの香りを参考に判断しているが、品種や栽培時期による差が大きいため、判断するのが難しくなっている。

荒川らの研究（荒川他　２００４）では、追熟中の果実の果肉硬度と、果実の食味との関係について、夏系の温室メロンと、アールス系ハウスメロンを用いて調査している。交配から収穫までの日数は温室メロンでは49日であったが、アールス系ハウスメロンでは55日を要している。糖度は温室メロンが14・9〜16・2Ｂｒｉｘ％、アールス系ハウスメロンでは15・0〜16・6Ｂｒｉｘ％と、ほぼ同程度であった。温室メロンでは果肉硬度が０・３〜０・４キログラム付近で最も嗜好が高いのに対して、アールス系ハウスメロンでは果肉硬度による明瞭な嗜好の差はみられなかった。アールス系ハウスメロンでは場所により（胎座側、果皮側、可食部）果肉硬度、糖度のバラツキが大きいため評価があいまいになったのに対して、温室メロンでは、可食の場所による果肉硬度、糖度の分布ムラが小さいため、食感、食味が均一であり、果皮近くまで美味しく食べることが可能である。

貯蔵温度と追熟との関係

大場らの研究（大場他　２０１３）では、メロンにおける香気成分の発生は、追熟により発生するエチレンが大きく関与するが、追熟により香気が増加する理由は、果実内のアルコール等の生成により香気そのものが発現することに加え、果肉が軟化することにより、香気がリリースされやすくなるためと考えられた。

中根らの研究（中根他　２０１５）では、夏系の温室メロンF_1品種を用いて15℃、20℃、25℃、30℃の温度で果実を貯蔵し、エチレンの発生量、果実の軟化程度（軟化程度の指標となる固有振動値を測定）を調査している。メロンでは収穫時のエチレン発生量は微量で、果実の追熟によりエチレン発生量が増加することが報告されているが、温室メロンでは、「食べごろ」以前にエチレンが発生したのは、20℃、25℃のみであった。同温度では、エチレンの発生により、細胞壁分解酵素の活性が高まって、果肉の軟化が急速に促進され、「食べごろ」までの日数が短くなった。また、内部からエチレンが発生する（内生エチレン）以前に、外部よりエチレンを処理した場合には、内生エチレンと同様な作用が期待でき、果肉の軟化を促進し、香気の発現を助長することが出来る。収穫時のエチレンの発生程度は個体による変動が大きいが、外部からのエチレン処理により「食べごろ」までの日数、「食べごろ」の品質のバラツキを小さくすることが出来る。

五　専門職大学でのメロン教育の歩み

栽培実習でのメロン教育の歴史は、農林短期大学校が、昭和55年に磐田市に開校したときにさかのぼる。当時は農業後継者の育成を目的とする園芸課程は40名であったが、野菜、花きの2コースに分かれて実践学習が行われた。2年生になると更にコース分けし、温室メロン、果菜、露地野菜、鉢物、切花の5コースで実践教育を実施した。当時は、温室メロン農家子弟の学生も多く、より現場の温室メロン生産に近い技術を教育するため、静岡県温室農業協同組合の生産者のOBを、非常勤講師として招き、プロの栽培技術の伝承に努めた。5棟、概ね7aの温室で、農家と同様、年間20作の温室メロンを生産し、生産物は、市場出荷してきた（静岡県温室農業協同組合磐田支所の準組合員）。静岡県温室農業協同組合が開催する品評会に参加することによって、栽培技術の向上に努めてきた。近年、温室メロン生産者子弟の学生は少なくなったが、専門職大学では温室メロン栽培を通して、植物栽培を種から収穫まで学んで、植物の変化に対応できる、観察眼を持った学生を育てていけたらと思う。

六　これからの温室メロン生産

静岡県の温室メロン生産は高度経済成長期以降順調に増加したが、平成2年の栽培面積554ヘクタール、生産量2万0100トンをピークとして、その後バブル経済の崩壊や、熊本、茨城、高知などのアールス系メロン産地の台頭により栽培面積、生産量ともに年々減少している。平成30年の静岡県温室組合の組合員数は概ね400人であり、ピーク時の組合員数に対して大幅に減少している。とはいえ、温室メロンの生産量は全国1位であり、静岡県の温室メロンは、品質を重視した生産販売体制をとっているために、市場からは高い評価を得ており、一時7千円台に低下した箱単価も、平成26年以降は1万円台に回復している。温室メロン産地の維持、生産の確保のためには、温室メロン生産への新規参入者を確保するか、生産規模拡大により経営の安定化を図り、栽培面積を維持することが急務であるが、温室メロン生産は、その栽培技術が高度であるため、他品目からの新規参入者は、ここ数年見られない。

平成28年、全組合員（当時は約480名）を対象に実施された、今後の経営意向に対するアンケート調査（静岡県中遠農林事務所と静岡県温室農業協同組合が共同で実施）によると、組合員の平均的な労働従事者数は、家族労力が2・3人であった。パート労力を導入している組合員は50人程度見られたが、常時雇用の正規従業員を導入している組合員は7名とすくなかった。

経営規模については、60％の組合員が拡大、あるいは現状維持と回答しているが、農業経営の後継者については、決まっている、候補がいると回答した組合員は12％と少なく、このことが規模拡大に対して消極的な要因になっていると思われた。

経営規模の拡大のためには、省力化、軽作業化が必要であるが、フェンロー型温室については、一時的に過大な投資が必要になること、病害虫が発生した場合、生産が不安定になるリスクがあるため、全体での導入は生産者数で4％程度にとどまっている。また、チューブかん水に関しては30％の生産者で導入されているが、ネットが発生する時期等、水管理が重要な時期については、手かん水をするのが実状である。現在の温室メロン生産は生産者一人一人が築いた匠の技であるが、今後、研究・開発により、AIをはじめとした新たな栽培技術が導入され、温室メロン生産が、もう少し身近なものになり、新規参入者の確保、雇用の導入により生産規模が拡大することを期待したい。

引用・参考文献

荒川博・松浦英之・大場聖司　2004「メロンの熟度と食味の関係」
大場聖司・池ヶ谷篤・中根健・黒林淑子・櫻井毅彦・勝見優子　2013「温室メロンの特徴的な香気成分の追熟段階による変化」
佐瀬勘紀　2003「施設の種類と形式」『5訂　施設園芸ハンドブック』（社）日本施設園芸協会、26～37ページ
静岡県温室農業協同組合　1984「静岡県温室農協発達史」
静岡県野菜・花き園芸発達史編纂委員会　2001「静岡県野菜・花き園芸発達史」
鈴木英治郎　1991「メロン考・1991」
世古龍雄　1999「メロン類の系統、品種のとらえ方」『農業技術体系野菜編4』農山漁村文化協会、109～121ページ
中根健・神谷径明・大場聖司・種石始弘　2015「エチレンによる成熟処理が温室メロン'アールス・フェボリット'の追熟日数と香気成分に及ぼす影響」
農山漁村文化協会　2004「野菜園芸大百科　第2版」

コラム6　日本一の茶生産地はどこ？

２０２１年3月、農林水産省が発表した２０１9年統計資料を見て「とうとう、その時代が来たか」と思った。19年の茶の産出額は静岡県の２５1億円に対して、鹿児島県は２５２億円とわずかではあるが上回った。統計が残る１９６7年以降、首位陥落は初めてであり静岡にとってはまさに歴史的な敗北となった。

農産物の生産量を推し量るためには、産出額の他にも生産面積や生産量など様々な指標がある。現に、栽培面積も荒茶生産量も静岡は一番であり、緑茶（仕上茶）については、出荷量は全国シェアの6割を占め出荷額は１３００億円を超えていて、静岡県は「茶の都」を標榜している。私の知人には「全国における茶の主要産地は変わらない。やっぱり、お茶といえば静岡だろう？」と言うものがいる。

産出額、すなわち生産金額のみがトップを奪われたにすぎないのだが、歴史的な敗北であり、これは「茶」をめぐる環境の変化が背景にあることを考える必要がある。

茶は収穫の順序から一、二、三、四番茶と分かれ、最初（4月下旬〜）に採れる一番茶が最も旨味成分が多く、高値で評価される。２０２０年の平均では、一番茶が㎏１７６０円、二番茶が５５５円、三番茶３２０円であった。二番茶以降になると、価格が安く作業が高温期と重なるので生産者の収穫意欲は下がる。傾斜地の多い山間部では一番茶のみの収穫となり、平坦地では収穫回数が増える。平坦地では乗用型茶園管理機の使用を前提とした大規模で省力化の進んだ経営が可能となり、傾斜地か平坦地かは生産のカギを握っている。

つぎに、緑茶の消費形態が大きく変わってきたことを指摘しておきたい。リーフ茶から茶飲料へ消費動向が変化したことはよく知られている。急須で淹れるお茶からペットボトルに変化したのである。お茶の飲み方、すなわち消費動向が生産に影響を及ぼしていることは想像に難くないだろう。

お茶の将来を考えるとき、輸出動向の変化と消費者の「本物」志向の高まりに注目している。2003年に760トンだった輸出量は2020年には5000トンを超えた。海外では抹茶を含む粉状緑茶が好まれている。特に有機JASは人気だ。お茶を国際的な視点で見てみたい。また国内では本物を望む消費者の思いをくみ取る必要があろう。

例えば、メロンと言えば、静岡メロン、夕張メロンを思い浮かべる人が多いだろうが、2020年のメロンの生産量1位は静岡でも北海道でもなく、ダントツで茨城県である。このように、茶の産出額ではなく、有機茶や本物志向などの独自戦略により「茶の都」と言われ続けることもありではないだろうか。

（中野　敬之）

図　茶樹を跨ぐ形状の茶園専用トラクター「乗用型摘採機」

第七章　森林・林業と木材産業ビジネスの可能性

星川　健史・池田　潔彦

一　森づくり、人づくり

古来より日本は豊かな森林の資源を背景として発展してきた。また、森林を育成して資源を永続的に収穫しようとする育成林業を世界に先駆けて発展させたことでも知られている。近年では、森林環境税の導入、持続的な開発目標（ＳＤＧｓ）、また近年の異常気象に起因する大規模な山地災害の増加によって、一般市民からの森林や林産物への関心が高まっている。本節では、森林資源の循環利用や、近年、世界的に注目されている持続可能な開発目標（ＳＤＧｓ）を達成する際、森林、林業での貢献が欠かせない主伐・再造林を主な視点に置いて、今後の森づくりと人づくりについて述べる。

今、林業界では職業教育機関（林業大学校）の開設ブームとも言える状況である。２０１２年まで、林業大学校は全国に5校しかなかった。２０１２年以降、都道府県による林業大学校の開設が相次ぎ２０２１年4月現在で本学を含めれば21校と大幅に増加している。このような状況の中、本学は大学校から専門職大学へ脱皮し、新たな人材育成像を提示している。この点については本章の最後に述べる。林業大学校が次々と開設されている背景には、国内の森林資源が充実し、それを収穫する人材が不足していること、森林環境税による安定的な財源確保によって、人材育成に予算を投入できるようになったことが挙げられる。このような状況を深く理解するために、本学の位置する静岡県の具体例をもとに森づくり・人づくりの実態の整理と考察を進めたい。

森づくり

静岡県の民有林の面積は約24万ヘクタールで、人工林率が60パーセントである。その9割は林齢41年生以上の収穫期の林分であり、生産に適した森林に限っても、その蓄積量は２２００万立方メートルである。世界最大級の木造建築物である東大寺に使用された木材量は江崎政忠氏の調査によれば約１４８００立方メートルと推計されているで、原木から製材の歩留まりを50パーセントとすると、原木換算で約3万立方メートルとなり、静岡県内の民有林の木材だけで東大寺を７３３棟も建てられる計算になる。

このような莫大な森林資源の積極的な利用を進めるためには、これまでの利用間伐を中心とした木材生産から、主伐・再造林による永続的な森林資源の循環サイクルを構築する必要がある。成長がよく（地位が高い）、木材の伐採・搬出がしやすい（傾斜が緩やかで、林道から近い）森林を林業適地として選択し、効率的な主伐・再造林の取り組みが進められている。具体的には、高密度路網を基盤に高性能林業機械を活用した伐採と植林の一貫作業システムや、コンテナ苗を利用した再造林が進められている（図1）。コンテナ苗は初期成長に優れ下刈りの省力化が見込まれている。近年では、早生樹や広葉樹への関心の高まりから、静岡県の気候や生育環境に適し加工利用が有望な樹種選定が進められている。

図1　初期成長に優れ植栽効率のよいコンテナ苗の生産

人づくり

林業は、かつて3K（きつい・きたない・きけん）の労働環境と言われ若者に敬遠されてきた。しかし、近年では林業の労働環境が改善され、かつ林業にしかない魅力が若者を惹きつけ、若者の就職が増加している。高性能な林業機械の導入は、労働環境の「きつい・きたない」を払拭し、機械好きな若者の魅力にもなった。林業の特殊な労働環境に関する理解と対策が進められ、安全装備・安全装置の開発と義務化によって、「きけん」が減少し、外国製の蛍光色の安全装備は、魅力的なファッションとしても受け入れられている。

林業に従事する作業員数は平成7年まで減少していたが、平成19年以降は若者の就職者が増加したことで、総数としては安定傾向にある。林野庁が2002年から実施している「緑の雇用」事業は、新規就業者の育成からキャリアアップまで幅広く支援するもので、今では我が国の林業従事者の人材育成において欠かせない事業となっている。また、前述のとおり各道府県に林業大学校等が相次いで設立されている。一方、林業の労働災害発生率は、近年やや減少傾向にあるものの、全産業平均と比べて高く対応が求められている。このため、安全性を有した防護着の着用や事故をVRで再現するシミュレータの利用、基礎技術と安全意識向上を図る競技会等が実施されている。

人材育成の体制が整いつつある中で、人材を雇用し育成する立場にある経営者・経営体の育成も急務である。給料の低さ、人事評価制度が確立されていない、雇用体系が不安定であることなどにより離職者が増え、ますます経営者・経営体の負担が増加するような事態も発生している。人事評価制度の構築や、雇用体系の改善についても、国や都道府県の支援が進められている。

二　木材安定供給体制の確立

森林資源を循環利用し、健全な木材産業ビジネスを発達させる未来像を描いたとき、木材を安定的に生産し、木材産業へ良質な原料を供給することが不可欠である。静岡県では木材生産量50万立法メートルの目標を掲げ増産に取り組んできた。その結果、木材生産量は年々増加し、令和元年度には47・6万立法メートルと目標に近づいている。全国的にも、国内の木材生産量・自給率ともにこの数年で急速に上昇している。しかし、これまで量の目標達成に囚われすぎたがために、いくつかの点において課題が残されている。

第一は収益性である。経済として安定的に成立するためには何といっても収益を上げる必要がある。我が国の林業は森林整備の名目のもとに推進され、副産物である間伐材を主に利用してきたことから、これまで木材生産の収支について深く考える必要がなかった。しかし、森林資源が成熟し利用期を迎えた森林では森林再生、すなわち主伐・再造林が必要である。主伐は、生産量が間伐に比べて多く、生産効率も高いが、その収益以上に再造林に経費がかかることが最大の課題である。さらに、近年ではシカによる苗木の食害が再造林の危機をまねいている。

第二の側面は、マーケットインである。マーケットインとは買い手の立場に立って、買い手が必要とするものを提供することを指す。これに対して、プロダクトアウトは提供側の発想で商品開発・生産・

販売といった活動を行うことを指す。これまで、林業はプロダクトアウト型の産業と言われてきた。この背景には、丸太を市場に出せば高値で売れる時代があったこと、補助金の要件に合わせて木材生産活動が行われたこと、育林に長い年月がかかるため収穫時の需要を予測できないことが挙げられる。一方で森林は他の生産物にはない利点がある。育林に長い年月がかかることと裏腹に、収穫時期を十年単位で融通させられる。これは、その間に腐ったり品質が低下したりしないこと、過去の育林経費を一刻も早く回収するという動機がないこと、山林の固定資産税は少額であることから、在庫コストをほぼゼロとみなせることによる。つまり、森林を在庫置き場と見なすことができる。在庫の質や量を把握し、道路網や流通体制を整備することでマーケットインの実現は可能である。

第三の側面は、強固な木材産業クラスターの形成である。原木の安定供給は、森林資源の循環利用と健全な木材産業の発展のための手段である。クラスターの構成員となる森林組合・林業事業体・製材工場・合板工場・製紙工場・工務店・建築設計事務所等は、連携して課題解決に取り組まなければならない。例えば、再造林を林業だけの問題として捉えるのではなく、木材産業クラスター全体で協力して取り組むべきである。また、製材・加工・建築等の利用側は、森林資源の状況を理解し、地域材を生かす製品づくりや利活用の仕組みを目指すことが地域産業の健全な発展に不可欠である。

スマート林業・林業DX

こうした取り組みを進める上で、近年注目を集めているキーワードが「スマート林業」「林業DX（デジタルトランスフォーメーション）」である。林業生産物の丸太は、移動回数を減らすことが経費削減の鉄則である。生産物の代わりに情報を動かすことで経費を削減し、価値を増大させられる。こうした考えのもと、筆者らは、３Ｄカメラ画像から丸太材積を計測するシステム、情報をインターネット上に集積し需給調整を支援するシステム、森林を三次元で丸ごとデータ化し直径などの必要な情報を取り出せるレーザースキャナの実用化（図２）、ドローンや産業用無人ヘリコプターを用いた森林資源の解析システムの開発などを手掛けた。

近年、業界では、航空レーザー計測による広域の生産適地把握、効率的な木材生産計画や路網整備計画、ドローンによる苗木運搬や見回りなど、先端技術を活用した取組を「林業イノベーション」として推進している。静岡県はまた、全国有数の工業県であり、突出した技術を有し、チャレンジ精神旺盛な企業が数多く立地する。前述した技術開発においても、企業とのコラボレーションによって生まれた技術が数多く存在する。

図２　レーザースキャナを用いた森林の調査

三　木材産業（製材・合板・チップ工場等）の現況

木材産業は、経済状態の影響は受けるものの、数十年単位の長期間にわたって一定の規模を維持してきた。一方で、原料である丸太供給の質は時代とともに大きく変化し、それに対応する形で、木材産業もその形態を大きく変化させてきた。１９７０年代以降の国内資源の枯渇とそれに続く国内禁伐の流れ、木材輸入自由化による輸入材の増加によって、輸入丸太の特性に合わせた製材工場が木材輸入港の周辺に整備された。その後の輸入木材の減少と、国内森林資源の充実とともに、沿岸部の製材工場は減少し、九州や東北のように、国産材の供給を受けやすい地域に製材工場が進出した。また、低質材の受け皿として全国に合板工場が立地した。静岡県は、１９７０年代まで、豊富な森林資源と、大型の木材輸入港を背景に木材産業を発展させてきた。二次加工を担う企業も多く、静岡市の家具産業や、浜松市の楽器産業など、全国・世界に名の知れた製品・ブランドも数多い。

製材・集成材・CLT

静岡県内の製材工場数は、１９７０年に１２０２工場だったが２０２０年には１５８工場と87パーセントも減少した。また、製材工場数や製材品の出荷量も年々減少傾向にある。素材入荷量も30万９千立方メートルと年々減少しており、産地別の入荷比率は、県産材が69パーセント、他県産材が１パーセント、外国産材が30パーセントとなっており、外国産材では米材が73パーセントを占めている。県産材を原料とする主要な製材工場は、しずおか優良木材供給センターに参画し、一定の品質を満たした「しずおか優良木材」製品を出荷する認定工場となっている。また、日本農林規格（ＪＡＳ）の認定工場は５工場でＪＡＳ製品の生産を行っている。全国のＪＡＳ製材工場数とＪＡＳ製品生産量の全体に占める割合はともに約10パーセントと少なく、本県も同様である。昨今の全国の製材工場の動向をみると、年間の素材消費量10万立方メートル前後、出力１０００キロワット以上の大規模製材工場が稼働し、効率的な製材システムや乾燥装置等の設備投資により量産低コスト化や人工乾燥化が進展している。それらの工場は原木を、県境を越え周辺地域から工場に直送して集荷することが多い。静岡県の主要な製材工場の年間原木消費量は0・8～1・5万立方メートルであり大規模化が遅れている。

静岡県内の集成材工場は、これまで、浜北市（現在、浜松市浜北区）や掛川市等にあったが、現状では廃業や撤退等により皆無であり、一時期、島田市や浜松市への誘致計画があったものの実現に至っていない。このため、県内産ひき板原料による各種集成材を木造建築材料に利用する際には、輸送コストをかけて県外集成材工場での生産になり高コスト体制が拭えない状況にある。全国の集成材工場の生産動向をみると、生産ラインのシステム化、高速化が進み高い生産性を実現しており小断面集成材の生産コストは、九州地域や北関東地域の工場では欧州産とほぼ同価格での生産・販売が行われている。

近年、需要が拡大しているCLTは、令和2年現在、全国に11工場、生産量1万3千立方メートルとなっているが、静岡県にはまだ生産工場はない。静岡県内にもCLT建築物が増加しているが全て県外で加工されている。CLTは現場ではブロックを積み上げるように施工するが、接合部や開口部は事前に工場で仕上げられる。その最新の設備を有する工場が静岡県磐田市にある。そこには全国からCLTの素材が持ち込まれ、建築物に合わせて加工が施されている。

合板

静岡県の合板産業は、過去には清水港等に陸揚げされたラワン材等南洋材を主原料として、国内屈指の産業に成長した過去がある。しかし、その後、東南アジア諸国の丸太輸出規制や材質低下等から、2

００５年９月に、県内唯一の普通合板工場が合板生産から撤退した。その後、２００９年から県外合板工場への県産材合板やＬＶＬ（単板積層材）の委託生産が行われていた。２０１５年に富士市内に最新設備を有した合板工場が新たに稼働し、現在、県内産スギやヒノキを原料として年間生産量約５・５〜６万立方メートル（生産量は未公表、合板歩留まり55〜60パーセントと仮定した推定値）の合板の製造が行われている。全国的にも同様の傾向で、工場数は減少し、国産材を原料とする大規模工場の増加により国産材比率は85パーセントと高まっている。

木質バイオマスと複合林産型工場

静岡県内の木材チップ工場は、１９７０年の５２５工場から２０２０年には51工場へと10分１に減少した。製材工場等との兼業工場が32工場と大半を占めている。チップ生産量も、１９７０年の59万１千トンから２０２０の14万７千トンに大きく減少した。これまで、チップ需要の大半は、製紙・パルプ産業であったが、ＦＩＴ等により、木質バイオマスエネルギー需要が占める比率の高まりが予想される。全国的に木質バイオマスエネルギー利用が進んでいるのは、製材、集成材、合板および木質ボード等の企業が密接に連携した「複合林産型」の事業体制であり、国産材ビジネスモデルの新たな主流になることが予想される。静岡県でも、合板企業や製紙企業と密接に関連したエネルギー利用が望ましい。

四　木造建築物市場に向けた利用動向

近年、公共建築物や民間の建築物に地域産の木材を多用した非住宅・中大規模木造建築物の施工が進んでいる。静岡県草薙総合運動場内に施工された体育館〝このはなアリーナ〟は、全国で初めて「スギ同一等級構成大断面集成材」を使用した建築物として注目された（**図3**）。しかし、天竜地域スギによる同集成材の製造・加工及び供給は、関係業者にとって未経験の事業であり、特に、集成材用のひき板にはスギでは比較的高い強度等級が必要で、かつひき板が幅広のため大径材からの木取りが必要なこと、また、大量の丸太から製材、乾燥、集成材加工等を短期間に集中して行う必要があることなど懸案が多くあった。このため、原木供給、製材・集成材加工等の関連企業・団体、研究機関が一同に会して、立木手当てや伐採（8万7000本）、丸太（8000立方メートル）からひき板の製材や乾燥（1300立法メートル）、県外工場での集成材の製造加工（800立方メートル）、製品のストック管理・運搬及びそれらに要する経費など関係者間で多くの協議が行われた。

また、原木材質調査や製材や乾燥の工場間における生産調整や、集成材に使用しないひき板を壁や天井面のルーバー等への流用、集成材加工業者や現場への集成材搬入等において、総括管理する木材コーディネーターの果たす役割の重要性が認知された。この事業を契機に、静岡県内6地域には、製材工場間の水平連携や林業者との垂直連携の体制強化が図られ、消費者ニーズに対応するための共同受注体制、

図3　静岡県草薙総合運動場体育館（このはなアリーナ）

「地域製材ネットワーク」が構築された。その後、同ネットワークを中心に、ヒノキ大断面集成材を天井の梁桁部材に使用した島田市の静岡空港国際線ターミナルビル、ヒノキ柱材による木格子をファサードにした富士宮市の富士山世界遺産センター、スギ大断面製材を梁桁に多用した日本平山頂展望デッキ「夢テラス」など、非住宅建築物への木材利用が図られてきた。その他、教育施設や高齢者養護施設、保育園・幼稚園や信用金庫等の民間店舗等で、構造材以外にも内装材や外構材、オフィス家具など地域産材の利用が進んだ。

木造住宅

静岡県では、しずおか優良木材やＪＡＳの工場認定の取得を促進し、品質性能の確かな県産材製品の安定供給を進めている。「しずおか木の家住宅補助制度」などの地域材利用促進施策と相まって住宅への利用が進んでいる。大手ハウスメーカーでは、これまで建築部材の大半に欧州産集成材等が使用されてきたが、近年、環境への対応から地域産材・森林認証材への関心が高まっている。天竜地域ＦＳＣ認証林から生産されたひき板を県外工場で集成材に加工し、県内住宅で利用する取り組みが始まっている。

筆者らは、前所属で、住宅用の柱や梁など各種部材に適した乾燥方法の開発や、柱や梁などの実大材の強度性能に基づく利用区分の有用性検証や、木造住宅の耐震性や施工性の向上が図れるスギ・ヒノキの複合合板や単板積層材（ＬＶＬ）を県内企業・団体との共同研究等により開発に取り組んだ。また、木造住宅の設計・施工者に向けた講習会等を開催し、県産材製品を用いた住宅の壁や床組、仕口・継手など様々な接合部の耐力等の性能検証など普及を行った。近年では、林齢増に伴い今後生産増が見込まれるスギやヒノキの大径材の利用が課題になっている。このため、スギ大径材から梁桁等の横架材や枠組壁工法の部材に適した大径丸太を材質・形状に応じた選別手法や、新たな製材木取りや乾燥技術等の開発を行ってきた。

新しい木質材料CLTによる建築物

ひき板を繊維方向に直交するように積層したCLT（直交集成板）は、新しい木材（面材料）製品として注目されており、共同住宅、ホテル、オフィスビルなど中高層を含む木造建築物への利用が進んでいる。CLTの製造・施工コストを他の工法に近づける技術開発も進められ、部材寸法当の標準化や、非構造・内装用等への用途開発、耐久性や耐火性の付与技術や施工コスト及び環境影響評価等の解明がなされている。

本学の新設にあたって、CLTで校舎を建設できないか検討した。旧校舎の改修に際して、南壁面を県産材で施工しなおし、林業や環境を重視することを示す案もあった。最終的には、旧校舎の前面に、「周辺の環境を秩序立てる大庇」としてCLTのキャノピーを設置した（**図4**）。県産のスギを原料とするCLTで5層、厚さ15センチメートルの肉厚のCLTである。幅1・2メートル、高さ4・3メートルを26本配置することで、木質の持つ重厚感と天然素材の温

図4　新しい建築材料CLTを使った開放的なキャノピー

かみを醸し出している。来訪者からは、「美術館のような趣がある」、「周囲のクスノキの大木とあいまって森林を感じさせる」など、好評を博している。新しい大学が林業と建築を結びつける存在であることを示している。

その他の、静岡県内のCLTを活用した建築物では、板壁に用いた集会施設、床組に配置した建築設計事務所や、森林公園内のトイレなど多様な利用展開が行われている。なお、県内のCLT関連では、幅はぎ接着したひき板を3層に積層したJパネル（3層クロスパネル）の製造が島田市の企業で行われ、意匠性を有した構造用面材料として住宅の床組や耐力壁等への利用が進んでいる。また、磐田市内にはCLTのプレカット加工を行う企業・工場があり、最新の各種欧州産高次加工機を導入して接合部加工を担うとともに、CLT建築物への部材の流通・供給を図る中核の役割を担っている。

五　今後の動向とビジネス展開について

天竜・大井・富士流域など有数の林業地を擁し、更に、大消費地である首都圏に近接するなど、静岡県は林業・木材の産地としてのポテンシャルは高い。また、地域森林資源の循環利用への意識の高まりのなかで、都市部を中心に非住宅分野における木材製品の需要が見込まれるなど、林業・木材産業の再生に向けた流れができつつある。この様な状況の中、木材産業の持続的発展と木材資源の受け皿となる県産材製品の需要動向分析を行っている。そこでは、東京圏や中京圏を供給先に位置づけ、マーケットインの視点に立った戦略を掲げ、2030年における建築物の木材製品需要の将来予測及び製材品の出荷先別目標を設定している。目標を達成する具体的な対策として、①供給体制強化、②販売戦略、③将来を見据えた取組が提示された。①では、製材工場等における生産性向上、非住宅設計側に対応したJAS製品の供給体制の強化、製品安定供給のストック拠点の整備、高付加価値製品の開発や供給体制強化が急務である。②では設計者を介した販売先の確保、異業種との垂直連携、工務店等のネットワーク構築が必要である。また、③では、生産の大規模化や省力化への対応、主伐材丸太に対応する加工体制づくりなどが必要となる。4節で記したように、プロダクトアウト型から脱却し、餅田・遠藤らが提唱している「脱国産材産地の時代」（餅田他　2020）に対応した事業取組が喫緊の課題といえる。「脱・国産材産地の時代」とは、従来の川上側、地域の木材産地が主導で形成された「国産材産地の時代」に対して、川下側の企業が先進的な加工技術や最新の技術導入を背景に新たな木材生産・流通構造を形成された時代を称している。こうした時代に向けて、森林組合、プレカット工場及び住宅メーカー等で垂直連携した情報共有システムの構築など、林業・木材産業の新たなビジネスモデル構築に向けた動きが必要と思われる。

２０１０年に施行された「公共建築物等における木材の利用の促進に関する法律」に掲げられた非住宅用の中・大規模木造建築物への対応が注目される。規制の厳しい防火地域や準防火地域では、建築物の多くは耐火建築物でなければならず、主要構造部には1～3時間の耐火性能が必要な点であるなど、都市木造化を進める上で最大の課題となっている。これまで、耐火建築物もしくは耐火木材等の開発が大手建築企業等を中心に開発が進められ、全国で徐々に施工されるようになった。昨今、利用が進んでいる耐火木材は、①集成材を石膏ボードで被覆した被覆型、②内部にモルタル等の燃え止まり層を備えた燃え止まり型、③鉄骨部材を木材で被覆した鉄骨内蔵型の3タイプがあり、製造工程の改善やコスト削減など課題があるものの、今後の利用展開が期待される。全国的には先進的な木造建築物が進みつつあり、静岡県でも「ふじのくに木使い建築カレッジ」の開催などを通して防火や耐久性に関する知識や流通情報等の共有に努めている。なお、全国的に、木質構造に関わる構造設計者が少ないこと、木材加工と設計者の連携不足、施工者の建て方や施工管理等のノウハウ不足など課題が残されており、今後、防火地域等でのランドマークとなるような木造建築物の施工進展が期待される。

未来に向けた本学の役割

本学の前身である農林大学校は、現場技術者の養成を担ってきた。その役割は、今後も継続されるが本学で育成しようとする人材像は、栽培技術・生産技術に加えて加工・流通・販売が分かり、経営のできる人である。こうした人材には、本章で述べたような、林業・木材産業及び建築業等の動向を的確にとらえ、分析し、行動に移す能力が求められる。

課題もある。実習で栽培技術・生産技術を身につけるのには時間がかかる。その上で、専門知識、加工・流通・販売・経営の知識を短期間で学ばなければならない。専門職大学に求められる教育は何なのか、日々考えながら最適解を探していく。先述の通り、林業分野では就職後も充実した人材育成の公的な場が提供されている一方、そうした人材を守り・育て・生かす経営者・経営体の育成は課題となっている。林野庁では、令和2年度から林業経営プランナーの育成を開始した。経営者と技術者は車の両輪である。本学は両学部が連携をとりながら、各者を育成する。

引用・参考文献

赤堀楠雄　２０１０『変わる住宅建築と国産材流通』、林業改良普及双書１６５、全国林業改良普及協会、２４３ページ
遠藤日雄　２０１８『「複合林産型」で創る国産材ビジネスの新潮流』、全国林業改良普及協会、２９１ページ。
青井秀樹・佐川広興・立花敏・中村昇・長谷川賢司・平野陽子・宮代博幸　２０２１『国産材利用拡充への技術、マーケティング、新たな取り組み』、木材情報
餅田治之・遠藤日雄　２０２０『「脱・国産材産地」時代の木材産業』、大日本山林会、３０５ページ
静岡県　２０２１『静岡県森林・林業統計要覧（令和２年度版）』、１７２ページ
林野庁編　２０２０『令和２年度森林・林業白書』、（社）全国林業改良普及協会、２７９ページ
（独法）森林総合研究所編　２０２１地域の木材流通の川上と川下をつなぐシステム・イノベーション、19ページ
岡野健監修　２０１７『新世代　木材・木質材料と木造建築技術』、（株）えぬーてぃーえす、
静岡県　２０１８　静岡県産材製品需要拡大戦略
日本住宅・木材技術センター　２０２１『住宅と木材』、２～15ページ、Vol.44、（５０８）

コラム7　CNFは新しい素材

セルロースナノファイバーという素材がある。セルロースナノファイバーは、植物の細胞壁の主成分であるセルロースをナノレベルまでに微細化した繊維状の物質であり、Cellulose Nano Fiber の頭文字をとってCNFと呼ばれている。CNFは植物由来であることから、循環型社会実現への「夢の新素材」と期待されている。

樹木からCNFを製造するには、収穫した木材をチップ化→パルプ化し、パルプを得る必要がある。パルプ＝紙の原料、と認識されているが、パルプは簡潔に表現すると、「植物中のセルロースを繊維として取り出したもの」である。セルロース繊維であるパルプを物理的あるいは化学的に処理し、さらに微細な繊維にすることでCNFが得られる。

CNFが「夢の新素材」と表現される理由は、低環境負荷社会の実現だけでなく、CNFがもつ、種々の材料特性も関係するだろう。例えば、鋼鉄と比較すると、CNFは鋼鉄の5分の1の軽さでありながら、5倍以上の強度を有する。このことから、CNFは軽くて強い素材であるといえる。また、CNFの透明性や温度変化に対する膨張性はガラスと同等である。この他にも、高いガスバリア性（CNFから製造した膜はガスを通しにくい）、増粘性、保湿性といった、様々な特徴を有することが明らかになっている。化学構造に踏み込んだ特徴として、CNFは両親和性（親水性と疎水性の両方をもつ）を有することが挙げられる。この両親和性により、CNFに金属イオンなどを結合させて、金属イオンなどが持つ機能を「プラスα」として付与させることができる。

前述のCNFの特徴を活かした商品は、私たちの日常の様々な場面で見かけることができる。「軽くて丈夫」な特徴を活かした事例として、ランニングシューズのソール部材、車の外装部材やタイヤなどの原料にＣＮＦが採用されている。また、ＣＮＦ添加により消臭機能を付与したシートクリーナーや、かすれにくい・インク溜まりができにくいボールペンが開発、市販されている。また、植物由来であるので、私たちの肌に直接触れるもの（化粧品、おむつ、ティッシュなど）や飲食に関わるもの（食品添加物、飲料容器など）にもＣＮＦは活用されている。

植物の乾燥重量を１００パーセントとしたとき、その40～70パーセントがセルロースとして定量される。すなわち、草本植物、木本植物問わず、すべての植物のからだの半分はセルロースから成るのである。植物の主成分であるセルロースの特性を理解し、ＣＮＦのような、新たな素材を作り出すことは、再生可能な資源であるバイオマスを効果的に利用するバイオリファイナリーの発展と推進に大きく貢献している。また、植物のうち、木本植物である樹木は現存量が膨大でありながら、食料と競合しないという点で、ＣＮＦの原料として大きな利点を持っている。さらに、前述の用途から、ＣＮＦが化石資源の代替になり得ることも考慮すると、将来のＣＮＦ製品の大量生産を実現するには、樹木のような巨大な植物体を活用することが必須となるだろう。

ＣＮＦの理解や用途に関する研究は現在も活発に進められている。今後さらに新しい特性が発見されたり、新規用途が見出されたりする可能性も十分にある。ＣＮＦは地球環境の維持あるいは改善にも目を向けた、地球規模での「より良い生活」の実現の可能性を秘めた素材であるといえるだろう。

（相蘇　春菜）

第八章　畜産の原点はやはり動物とのふれあい

祐森　誠司

一　食文化に影響するオリンピック

２０２０年我が国で2回目の夏季オリンピック（東京オリンピック）が予定されたが、前年から発病が確認され一気に世界中に感染が拡大したＣＯＶＩＤ－19のパンデミックにより２０２１年に延期された。１回目の東京オリンピックが開催された１９６４年に、今の世界状況を想像できていた人がどのくらいいたのだろうか。１９４５年に忌まわしい世界大戦が終了し、敗戦国として焼け野原からの復興を胸に国民が一丸となって働き、その成果と日本国民の意識が人種、民族の垣根を超えて平和に尽力する状況にあることを東京オリンピックの開催を通じて世界中に知らしめた。そしてこの大会から日本の国技、柔道が正式種目に採用され、全階級での金メダルが期待された。「柔よく剛を制す」として、小さな体格でも大きな相手を倒すこの競技の無差別級ではオランダのアントン・ヘーシンク選手が日本代表の神永昭夫選手の前に立ちはだかり、大きな体格を利して体勢の崩れた神永選手を押さえ込み、金メダルを獲得した。他の3階級全てで金メダルを獲得したにも関わらず、日本柔道の敗北と評され、体格差＝体力差が露わになったと考えられた。このようなオリンピック開催から僅か16年経過した時、著者は東京農業大学農学部（当時は東京都世田谷区）の学生として過ごしていた。大学の向かいにはオリンピックで乗馬競技会場となった馬事公苑があり、大会時には選手や関係者は代々木の国立競技場から国道２４６号線、三軒茶屋から世田谷通りを通って移動していたそうだ。当時の道路舗装は馬事公苑の入り口で終わり、その先の多摩川までは麦畑の砂利道で民家はなかったらしい。この話を聞いたのが既に40年前である。オリンピック開催に始まった高度経済成長はかつて世田谷村と呼ばれた農村地域を都市近郊の高級住宅街へと変貌させた。そして、オリンピックを通じて強烈に印象つけられた体格差とこの要因となる食事内容の差を埋めるべく、戦後の75年間に推進された経済成長のなかで食肉文化を支える畜産関連産業の伸びには目覚ましいものがあった。

今回のオリンピックでは選手に提供する食肉には家畜飼育における生命の尊厳を遵守するアニマル・ウェルフェアの概念が重要とされる国際的な基準が唱えられるようになり、量から質の生産へと方針転換が求められている。自らが体験してきた高度経済成長を振り返ると量産を追求する時代であり、畜産業を取り巻く社会情勢は現在と大きく異なっている。今、世界中で声高に唱えられる「もったいない」の精神が当たり前であった昭和の日々の体験を振り返りながら、今回の話題を進めていきたい。

二　畜産業の黎明期

先の東京オリンピックは高校卒業まで過ごした京都の実家でテレビ観戦していた。この実家から数百メートル北側には東海道本線が通り、ほぼ同じくらいの距離を開けた南側では東海道新幹線が開通し、さらにその南には名神高速道路が開通していた。東京オリンピックで来日する外国人観光客を東京から京都、大阪までの観光旅行で誘導する移動手段として新幹線を開通させ、日本の鉄道技術の高さと国力の大きさを世界に知らしめるものであった。一方で、東海道本線にはまだ蒸気機関車が走り、通常の移動ではこちらに依存し、トンネルに入るときには慌てて窓を閉めていた。学校給食では脱脂粉乳、コッペパンが配給されている状況で、畜産物が食卓に欠かすことなく並べられるほど家畜が飼育されることはなく、農林水産省に残される統計資料に基けば全国で乳牛は８２４千頭、肉用牛が２３４０千頭、豚が１９１８千頭、採卵鶏が５４６３万羽であった。ここで、肉用牛の飼育頭数が乳牛の３倍もいれば牛肉の流通が盛んのように思える。しかし、この肉用牛の飼育目的はまだまだ農耕機械が広く流通していない時代であったため、食用よりも役用に飼育されていた個体が集計されていたことに起因する。実家は京都市内といえども繁華街からは離れ、水田に囲まれていたが、牛や豚などの家畜は見当たらなかった。これに対し岡山市郊外の父方の里には、土間仕立ての玄関口を入るとすぐ右手に牛が飼育されていた。黒毛和種の育成牛で、育成の間に農家個々で役畜として農耕や荷役に利用して、ある程度の大きさに到達したら肥育専門の農家に引き取られていた。急傾斜の山間にあったこの家では農作業に使う牛は大切で一つ屋根の下に生活し、炊飯の時には米の研ぎ汁を飲ませ、野菜の切れ端が飼槽に投げ込まれていた。今で言うエコフィード（eco-feed 食品残滓飼料）の原点が農家での生活の中に存在していた。曲がりくねったキュウリやナスは当時でも既に出荷されず、これらを手に牛の前に陣取り、下顎に歯のない状態できれいに噛み切るのが面白く、毎回全部なくなるまで楽しんだ記憶がある。思い起こすと、当時は家長の威厳は食生活の格差に現れ、子供であった自分には細切れ牛肉の入ったカレーライスがご馳走で、父親だけがステーキを食べていたように思う。身近なところに牛を感じつつも、牛肉が高価なものであることも身をもって知ることができる時代であった。

　また、鶏卵価格には当時と現在とで大きな差がない。物価が高騰する中で鶏卵は生産量が高まり、物価に反して価格が安定してきた経済の優等生である。当時の農家は採卵鶏を数羽単位で、時に庭に放すような状態で残り物や野草を与えて飼育し、家で消費する卵を確保していた。母方の里も同じく岡山ではあったが、瀬戸内海が近い平地の市街地にあった。農家でもないのに採卵鶏が数十羽飼育されており、こちらを訪れた際の楽しみは鶏舎に入っての卵拾いと、瀬戸内海に注ぎ込む河川の河口に出向いて大きな四つ手網による魚獲りであった。大きな魚が獲れれば、もちろん食用に調理されるが、雑魚の小魚が大量に獲れた場合は、大鍋で加熱後に庭先にムシロを広げて天日干しして、乾燥後は砕いて鶏の餌に利用していた。飼料学の講義で、魚粉の調製法を教わったが、既に子供時代に体験していた。また味噌汁で食べたシジミやアサリの貝殻が砕かれて餌箱にいれられていた。食事で定番となっていたのが鶏のもも肉や鶏のホルモンとして知られる未熟な卵黄（俗称：金柑）の甘露煮で甘辛い味付けであった。当時は高級品であった卵が市場に出回りにくい金柑の甘露煮になると大変なご馳走だった。そして、この食材となる鶏の処理は、祖父が孫に隠れてこっそりと絞め、放血して羽を毟り、解体処理していたことを後日に知った。祖父としては鶏舎の前に陣取って、中の鶏の動きに関心を示す孫の目の前で惨劇を見せてはいけないという思いやりだったのであろう。今にして思えば、一般家庭での日常生活の中で自然にこのような行為が執り行われており、状況次第で体験が可能であったといえる。

三　飼育頭数が増加し、農家戸数が激減した時代

動物好きが高じて小学生高学年時に飼育部に加入した。飼育対象は犬に次いで身近な動物である鶏だった。番いで飼育されていたが、巣材がちゃんと準備されていなかったため、登下校の道すがらの農家に稲藁を分けてもらい、巣箱を整えると雌鳥が巣篭もりをして抱卵に入った。ここから面白いように雛が孵って大きくなり、番いで始まった飼育小屋の中にあっという間に鶏が溢れるようになった。

一方、教室では受精卵の発生過程の学習目的で簡易孵卵器での孵化が計画された。受精卵は飼育する矮鶏の卵を利用でき、転卵などの作業を担当した。卓上の孵卵器はケース式の床に卵を並べる方式なので、親鳥が足で転がすように卵を転がさないと卵黄が沈み込んで卵殻に付着し、付着面に胚があることが多いため、卵黄の重みで押し潰されて発生が停止してしまう。今でこそ説明可能であるが、理解不十分のまま、母鶏の代わりに卵を転がすことを休日返上で行った。日曜日も用務員さんに校舎の鍵を開けてもらい、午前と午後に手の油がつかないように軍手をはめて卵を転がした。転卵を経験したのは一人だけであったが、21日後に孵卵器のなかで孵化した雛はクラス全員に祝福されていた。

持って生まれた性格と経験に基づいて動物と触れ合う生活を目指した進路を決めて現在に至るのだが、社会情勢も高度経済成長に伴って大きく変化していた。**図1**に示すように1980年頃に全国での乳牛飼養頭数は先の東京オリンピック当時の約2・5倍に、豚は約5倍、採卵鶏も約3倍に増加した。役用の黒毛和種牛はいなくなり、肥育専用となってその頭数に大きな変化は見られていない。一方で、**図2**に示すように飼養農家戸数は、酪農家が4分の1に、養豚農家は約6分の1に、採卵養鶏農家は約10分

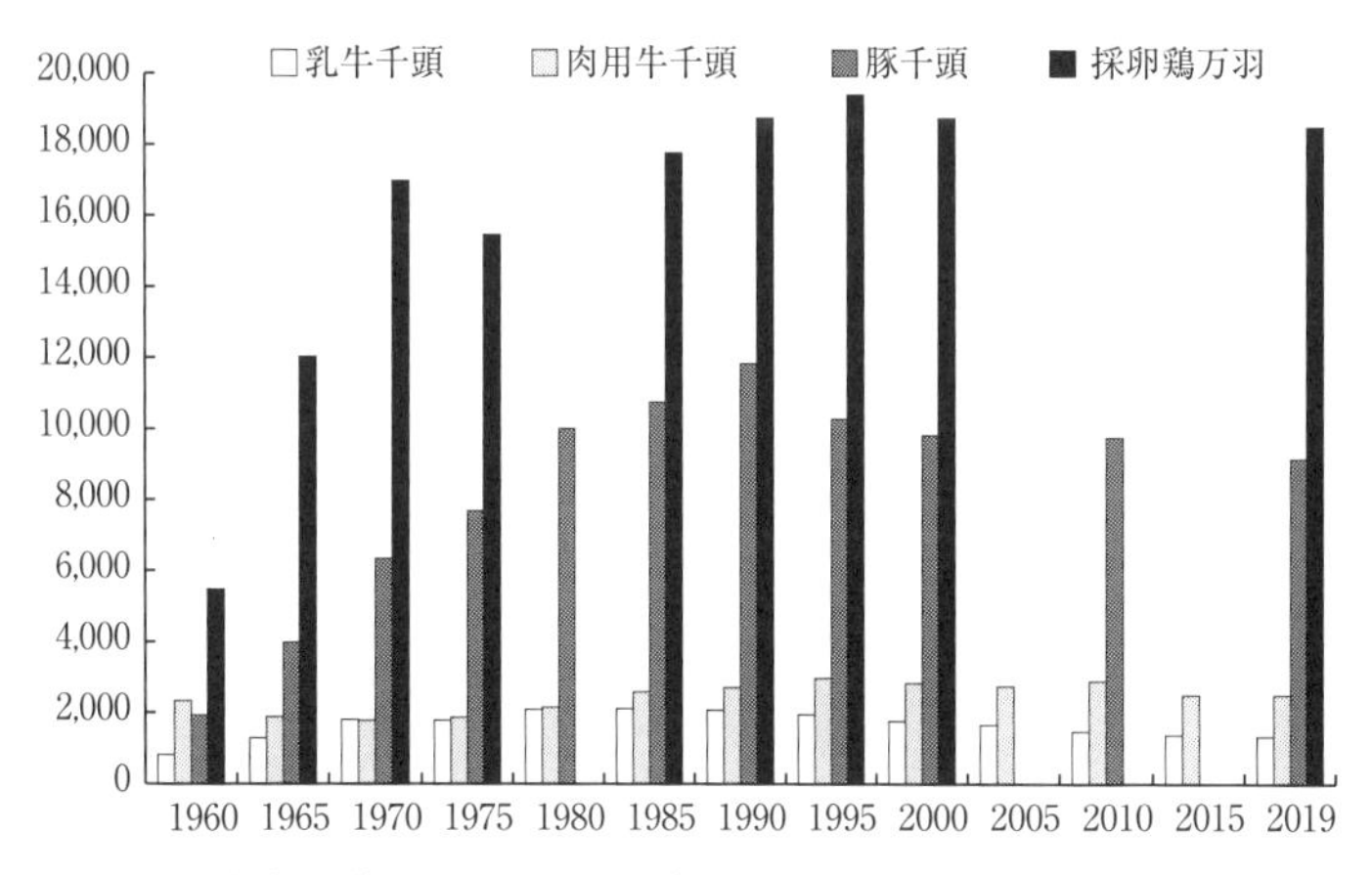

図１　家畜飼養頭羽数の推移（農林水産省統計資料より自作）

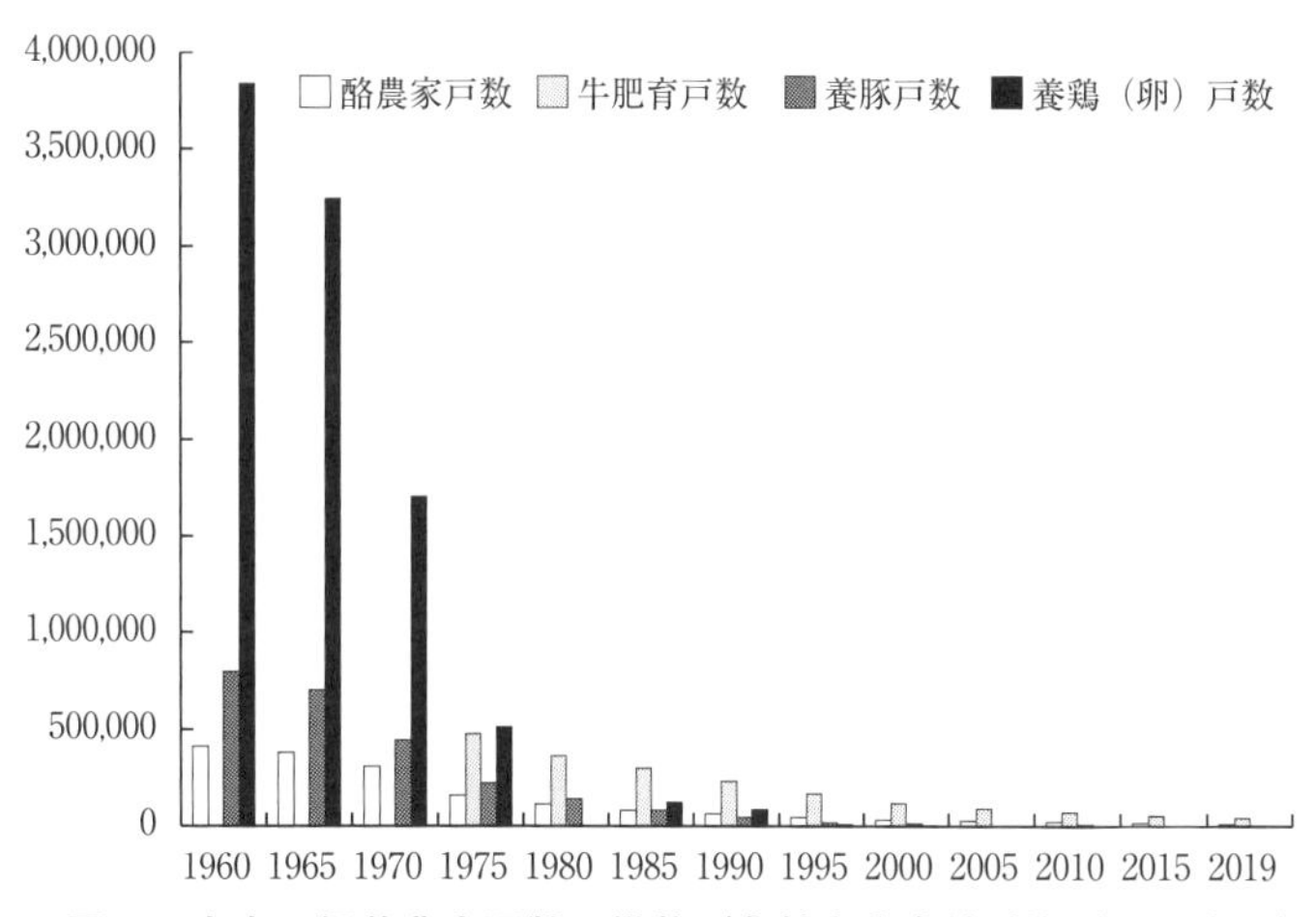

図２　家畜の飼養農家戸数の推移（農林水産省統計資料より自作）

の1に激減した。飼育頭羽数の増加は畜産物の増産を政策として取り組んだ成果であり、食肉の供給量は要求量に近づいた。

また、農家数の減少は効率良く生産するには大規模経営として集約することが良いことを示している。ここには畜産業の黎明期に考案された配合飼料の大量生産と流通網の確立によって、各農家で同じ飼料を利用して同じように家畜の成長が保証されるようになったことが大きく貢献している。また、それまでは片手間で豚を飼育したり、庭先で採卵鶏を飼育していた農家が専業として規模拡大を図り、まさに企業型経営の母体となる畜産専業農家がこの間に多く誕生したことになる。この畜産専業農家が確立する背景では、各地域の特色も利用され、耕種農業において作付けされる作物品種と土地柄が飼育家畜の種などと関連していた。詳細は省略するが、増産を目指す上での経済性も勘案されて、西ではうどん文化と重なるように神戸牛、松坂牛、近江牛として知られる肉牛肥育が盛んに行われ、東では神奈川、茨城、千葉などサツマイモ農家が多いと養豚が盛んに取り組まれ、そして中間地域では名古屋コーチン、岐阜地鶏などで知られる養鶏が盛んに取り組まれるようになった。各畜種の育種改良では、増体が大きくなるものの選抜だけでなく、脂肪交雑の割合や美味しさなどの良質とされる生産資質も選抜され、今日の各地のブランドの礎になり、その後の専業化、専門化が加速した。

その結果、前回の東京オリンピックの年代に比べ、2019年の時点の飼育頭羽数は乳牛で1・6倍、肉用牛は1・1倍、豚は4・8倍、採卵鶏は3・4倍となり、一方で飼養戸数は酪農で27分の1、牛の肥育で10分の1、養豚は184分の1、養鶏（卵）は1753分の1に激減した。特に中小家畜とされる豚や鶏に関しては大規模飼育での企業型の経営へと大きくシフトしている。大規模経営では広い土地と生産物や飼料原料の流通に便の良い所、さらには排せつ物に基づく臭気や排せつ物処理において民家との間で問題が発生しない所を立地条件として民家から離れた高速道路のインターチェンジが近い山間部に移動している。企業型の農場ができるとインフラが整い、周辺が宅地化されるために農場脇と知りつつ移住者が絶えず、臭気問題などが発生するため、飼育施設は閉鎖的になり外見では家畜の存在が分からなくなる。

そして、このような家畜飼育の場では昔も今も人が介在して動物の世話を行なっているのである。作業機械やロボットが高度に発達して人手不足を補うようになっているとされるが、最終的にその機械の制御やメンテナンスは人が担当し、自然災害などでトラブルが生じれば生きている家畜等を正常に守れるのは人である。家畜の管理には愛情が重要で、機械に愛情は求められない。家畜の姿が見えなくなったことで気に病むことがある。過去に乾物となったアジの開きをみて、こんな状態だと海水が染み込んで痛いだろうね、といった発言や、切り身の魚しか見たことがないので、魚の形がわからないといった発言もあったように記憶する。クイズ番組でトリニクは何の肉か?といった企画があったが、生産現場が目の前から遠ざかると、四つ足の鶏や胸に乳房のついた二足歩行の牛が登場しそうで少し寒気がする。

四　体験可能な環境を再構築すべき現在

ここまででいかに自分たち世代が恵まれた環境で育まれ、基礎的な感性などが作り上げられてきたかを再確認できた。記憶の中で子供たちが集団生活を学び始める保育園、幼稚園において生命の大切さや生き物の愛らしさなどに関する情操教育に役立てるべく、ウサギやモルモットなどの小動物やセキセイインコ、文鳥などの飼鳥、などを飼育する小屋が園庭の一角に設置されていた。しかし、いつのまにかこれらの施設が失われていることに気づかれているだろうか。滅多に起きない事例であるが、小動物に噛まれた、あるいは抱き上げる時に爪で引っ掻かれたということが起こると怪我をしたことをことさらに先生の監督責任に押し付ける風潮が一部に強く、幼児を預かる施設は引責をさけるために小動物の飼育を辞めたのである。噛みつくにしても、引っ掻くにしても、動物側にも言い分があり、そのような抵抗を行わないと我慢の限界を超えた虐待的な行為が対動物に行われていた可能性を話題に上げることは決してない。義務教育の頃、自らの体験として飼い犬に手を噛まれるという不名誉な怪我をしたことを鮮明に覚えている。犬を怖がる友人が自宅に遊びにきた時、この犬は平気だからと犬小屋の中で寝ていた犬にいきなり触れて驚かせてしまい、噛みつかれるという失敗であったが、いかに慣れた動物であってもいきなり触れると大変だと身をもって知った。でも、このような経験のない親や先生の立場では、注意するべきポイントや起こるであろうことの想定ができないため、起こった事象が一大事になってしまうのであろう。事故の予防は、原因の排除が最も安易である。そして、原因となるものがなぜそこにあるのか、原因をなくしたことが将来どのように影響するのかを考えてみる機会はない。加えて近年では、人獣共通感染症として動物から人に伝播する疾病が大きく取り上げられるようになった。本原稿の冒頭に述べた新型コロナウイルスによるＣＯＶＩＤ－19も中国武漢でコウモリから人にウイルスが伝播して世界中に広がっている。そして、これ以前にＳＡＲＳ、ＭＡＲＳなど国内での感染がない疾病のほかに、国内でも発症が確認される鳥インフルエンザの問題がある。鳥インフルエンザの場合、基本的に直接人に感染するものではないが、インフルエンザという名称から短絡して鳥インフルエンザ＝人への感染、抵抗力の弱い子供達の周囲にウイルスを保菌する可能性のある鳥獣を置いておくことは避けるべきであるとして幼児の周囲から姿を消すことに拍車をかけた。インフルエンサーとして声の大きな親は小動物の姿を園庭に見つけるとクレームを発してしまうので、情操教育を考える立場も動物の飼育自体に手間がかかるのに、さらにクレーム対応の手間が生じると面倒が倍増することになり飼育をやめてしまう。園庭などで飼育する動物が原因となって疾病が発生することはないと言い切れないが、その予防や疾病発症時の対応については行政の関係部署から指導が行われており、一定ルールを守って取り組まれていれば飼育を取りやめる必要はないと考える。

五　体験者への正しい意識啓発

生活環境から家畜を飼育する施設が遠く離れ、幼児、児童が過ごす日常には家庭内で飼育される室内犬や猫に限定されつつある。子供から別の動物との直接の触れ合いが求められると動物園、水族館、さらには観光牧場などに出向き、そこでの触れ合いコーナーに参加することになる。このような機会の場は、昔よりも間違いなく多くなっているように思われる。そして、そこで動物を抱き上げるときには服を汚さないように当て布が手渡され、それにより引っ掻かれることも予防される。さらに満足して終了した際には手を洗って、アルコール消毒を行うなど、疾病感染の予防についても徹底される。観光牧場では1回いくらかの金額で搾乳体験を行えるところもある。読者の中にはもちろん乳牛の搾乳に関してちゃんと学んだ人は多くないので、解説すると、泌乳はオキシトシンと言う泌乳ホルモンの分泌でスタートする生理反応である。この分泌は乳頭に対する外部刺激で始まり、およそ5～7分で分泌は停止する。オキシトシンが分泌されることで乳房に蓄積された乳が乳頭へと移動し、乳頭に刺激を与えて搾り出すのが搾乳作業である。牧場では搾乳器の順番が回ってこない間は乳頭に刺激を与えないように配慮して、機械の利用できるタイミングと乳牛の泌乳するタイミングをシンクロナイズさせるように配慮しているのである。また、搾乳の上手下手が搾乳を行う者によってあり、初心者の場合は相対的に下手である。したがって、学生実習などの終了時には乳房に炎症を起こす乳房炎になる牛が多く、牧場の管理者には申し訳ない状況になる。観光牧場でオキシトシン分泌とのシンクロを考慮されず、力任せに乳頭を握りしめるようなことを繰り返される搾乳体験は乳牛にとってとても大きな負担であり、下手をすると利用される乳牛はその生涯をこの場面に登用されることで終わる可能性も秘めている。えてして、このような体験を許容する牛は大人しくて、それまでの間に飼育管理者の愛情がいっぱい注がれてきた牛なので、体験用に利用することは胸が締め付けられる思いであろう。

本来は日常の生産現場のリズムのなかに体験希望者が入れてもらい、飼育管理者や生産動物の毎日のリズムに負担とならないような場の提供が重要であり、食育体験を畜産業の中で取り組むには重要なポイントとなる。そして、そこには真摯に生命活動を営む動物と飼育管理者の間に信頼と愛情が垣間見れる。

六　体験重視の実践型教育

高度に技術が発展し、高品質の畜産物が流通する現在において、畜産物の流通、加工において偽装やO157による食中毒などの考えられない低レベル水準の問題やBSE（牛海綿状脳症）のような世界的な牛肉の流通停止となる問題の発生によって食に対する安心・安全が消費者から強く問われている。ここには、動物の死と深く関係する食肉処理の場が見られないだけでなく、生産動物である家畜の飼育される場が、臭気、汚水の排水問題で民家から離れた地域に追い出され、消費者の日常生活から乖離したことが大きく影響していると考えられる。前職では、社会人に対する専門領域からの学習の場の提供としてカレッジ講座の開設に取り組むことが奨励された。講座開設当初は、認知度が低かったことと、講座タイトルが硬いイメージであったため、受講者が少なく、世間の関心が低いのかと思われた。ところが、講座タイトルを緩やかなイメージに変更して以降、募集人員を超過する応募が入り、なかには毎年のように参加されるリピーターも登場するようになった。

講座内容は、開設当初から開講停止まで一貫して、1泊2日での朝から夜までの実作業の体験である。体験の場は大学農場（牧場）で、生産現場ではないが実践的な教育体系を目的に運営されているのが強みである。初日は移動時間との関係で、午後からの作業体験となり、豚舎に出向いて子豚の体重を予測して、測定する。当然、**図3**に示すように体重を測定する子豚を抱き上げて、子豚の体温を実際に感じる。次いで、食肉処理に出荷する間際のステージにある肥育豚の豚房内で豚肉として売られる豚の大きさ（生体重で110〜120キログラム）を知り、さらには繁殖豚（200キログラム前後）のところでブラシ掛けなどで気分を良くしてやるとともに、肥育豚に比べていかに大きいかを知ってもらう。最後に給餌作業を行って、豚が普段食べているものを実際に見て、触ってもらうのである。この作業が終わると直ちに、肉牛舎に移動して、放牧している繁殖牛を牛舎に呼び戻す。牛たちは日々の体験で牛舎に戻る時間を知っており、放牧地出口に塊になって待機しており、そこから数頭のグループで牛舎に移動させる。牛たちは勝手に自分のスペースに戻るが、食い意地のはった個体は準備されている他の牛の飼料を食べながら移動するのを眺めて、牛は学習能力が高く、また人間と同じように個性があることを知る。初日のメインイベントは夕方の搾乳の作業になる。搾乳を円滑に行うためにまずは牛たちに給餌を行う。そして定められた順番で搾乳作業に取り掛かるのだが、この順番は生乳の検査で細菌数が少ない牛から順番に始める

図３　優しく抱き上げられると大人しい子豚

のである。乳中の細菌が多い理由が何らかの細菌感染などによるものであれば、それが次々と伝播しないようにという意識である。そして、餌に夢中になっている牛から前搾りと言ってストリップカップに乳頭に残る乳（前の搾乳の残り）を搾り出し、その性状に異常がないかを確認して乳頭を綺麗に拭き取る作業にとりかかる。牛からはこの作業に入る人間の姿は見えていないので、牛に聞こえるように名前を呼んで手の甲で背中あたりを軽く叩き、人が触ることを予告してから乳頭に触れるようにする。想像いただきたいのは、乳頭は後ろ足のすぐそばにあり、そこをいきなり触ると後ろ足で蹴りつけられるか、踏まれることになるのである。一連が終了したら、**図4**に示すようにミルカー（搾乳器）を取り付けて、搾乳の終了まで待ち時間となる。ここまでの流れで、乳頭の暖かさ、さらには前搾りにおいて実際に手で搾乳を行い、出てきた乳汁が暖かいことを実体験できる。牛乳は冷蔵庫で保管される冷たい飲み物というイメージが一新される瞬間である。そして、搾乳終了時に気づいてもらう

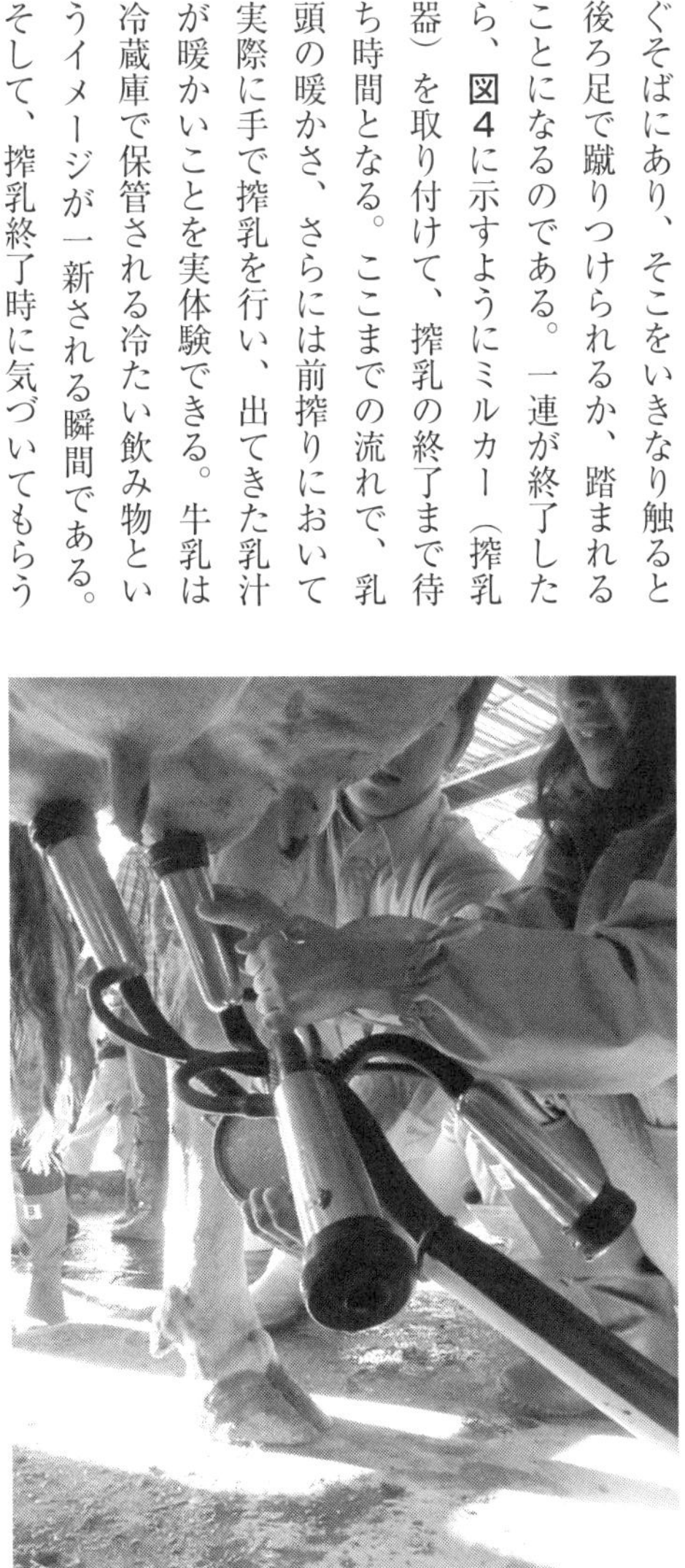

図4　慎重にミルカーを装着

のが、搾乳前には張り詰めていた乳房がしわしわに萎んでいることである。この乳房の変化が泌乳量に影響し、乳牛の選抜では形や胴体への着き具合が審査されることを理解してもらう。こうして初日は終了し、翌日早朝から始まる農場の1日に備えて食後の談笑の後に就寝となる。

翌日朝6：00から乳牛舎で前日の復習で搾乳体験を行い、終了後は乳牛も所定の放牧地に放してやる。同時に子牛がいれば哺乳瓶を使って授乳を行う。乳牛は一生涯、母親から授乳を受けないで人工哺乳となることをここで参加者には知ってもらうことになる。この作業後に朝食を取り、再び畜舎に出向くと、次は採卵鶏舎での作業となる。鶏舎も機械化が進み、集卵はベルトコンベアで行われるが、この体験中は手作業での集卵とその後の洗浄作業に取り組んでもらう。集卵を手作業で行うことでケージに引っかかる卵を取り出す必要性が機械化の中でも必要であること、本当に産みたての卵は暖かいことを知ることができる。農場職員には申し訳ないが、講座開講前に卵を数日間隔で残してもらい、新鮮度のチェックとして一定濃度の塩水での浮沈状態を参加者に確認してもらうといったことも行う。これだけの体験であるが、初心者を対象に行うと午前中の時間は終了となり、着替えて昼食を取ると退場の時間となる。

七　実践型教育を通じて

帰路の車中では、不慣れな作業に前日から取り組み、早朝から肉体労働になった関係で最初は笑顔が絶えないのだが、やがて爆睡状態になる。ハンドルを握りながら、爆睡は参加者の満足度の指標として嬉しい限りである。ここまで社会人としか記載していなかったが、参加者は幼児から老齢の方まで年齢不問で、大学進学にのぞみ畜産業とは如何なるものかを実体験する若人もいた。受験生はこぞって、受験して進学してくれていたので、学生募集にも貢献できたが、幼児のときから何度も親子で参加してくれている場合、繰り返しの参加希望が親ではなく子供からの申し出であると言われると、体験を通じて子供なりに疑問が湧き出し、その疑問解決に二度、三度の参加に繋がったようである。そして、幼児の参加においては農場作業のような形でも情操教育には十分役立ち、主婦目線のような立場での思考では食育の場となり、さらには参加者から動物介在療法的な作用もあるようにコメントいただいた。

家畜飼育の現場作業も近年は労働力が不足し、機械化が進んでいる。ボタンひとつで飼料が自動給餌され、別のボタンで床掃除が行われる。搾乳もロボットが担当し、ＡＩ（人工授精）のタイミングをＡＩ（Artificial Interigence　人工頭脳）が管理して通知してくるので人は記録を確認するだけに近くなっている。しかし、この機械化の基礎技術は人の体験、感覚であり、優秀な機械であっても優秀な人材を超えることはできない。

学生が実習の名の下、プロフェッショナルとして取り組む作業の技能を高めることは当然必要であるが、その作業には必ず必要性やなぜそのように取り組むことになるのかの理由がある。牛舎でいきなり大声を出してはいけないのは、牛が臆病な動物で驚いて暴走しないように。声かけをして、軽いボディタッチの予告後に本格的に触れることは、驚かさないだけでなく自分の身を守るため。ボディタッチは極力広い面積を利用し、指先などでの接触はしない。これは、指先のような点の接触はアブなどの害虫が飛来した感触とおなじであるため、その次に牛の尻尾による追払いの鞭が飛んでくる。これだけのことなならば、文字で書かれたことを読めば、あるいは映像で見れば知ることができるであろう、と考えてしまわれるかもしれない。しかし、座学だけで技術の習得はできない。また、家畜は我々人類と同様に自ら考え、嫌なことは避けるし、好きなものはどうしても手に入れたいと考える。ただし、この程度には個性が溢れており、教室で受講する学生全員に対して一様の講義で全てが伝わらないのと同じく、その都度違う取り組みを考えなければいけない。この経験が多いほど、プロフェッショナルな行動と考えに結びつくのであるから、学生には数多くの家畜と接する機会を設けてあげるべきであると考えており、学生もその機会に色々のことを考え、吸収してもらい、座学での知識と結びつけてもらいたい。牛は大人になると体重が600～1000キログラムにまでなる。人の体重の10倍以上になる物たちを、馴致しているからといってロープ1本で扱うには、扱う側にそれだけの技量が必要である。そして、この技量は言葉で伝えられるものではなく、自らの経験を通じて、確立するものである。COVID−19の対策で大学の講義をリモートで行うことの取り組みが進められているが、経験に勝るもののない実習では2次元的な情報ではやはり不十分である。自己中心的な話題展開であるが、座学の知識を単純に知識としてすませるだけでなく、実体験と組み合わせることで自らの理論を常識として構築されることを学生諸氏には切望する。

加えて、食肉文化の基盤となる畜産業の課題に後継者の不足があり、この解決策について本学進学者にアンケート形式で意見を求めてみたところ、圧倒的に多いのが幼い頃からの経験の場を増やすことというものであった。特に畜産に対しては、体験できる場は当然のことながら、農業高校のような教育の場でも施設、資金の問題で均等な学修環境が整っていないことを取り上げているものもあった。静岡県に限る話題では、県の東部では畜産コースとしてしっかり施設も整っているが、中部、西部ではそれがなく、学びの場が生活地域で制限されることの解決が重要であるとする提案もあった。農林環境専門職大学ならびに専門職短期大学の使命として、進学してきた学生の教育は当然のことながら、将来農林業に取り組む意識を若人に芽生えさせるための種まきとして、先に述べた老若男女には拘らない一般対応への農林業の普及的な体験活動も重要であろう。

コラム8　牛の体外受精技術

家畜の改良には、高能力の個体から数多くの子畜を得ることが重要となる。牛の改良では、優秀な雄牛から得られた精液を希釈・凍結し、雌牛に人工授精することで、多くの子牛を得ることができる。ただ、遺伝的能力は両親から伝えられるため、精液を用いた改良では、雄牛側の能力からのみの改良となる。優れた遺伝的能力を早期に固定するためには雄牛のほかに雌牛側からの改良も重要となる。しかし、牛の妊娠期間は約２８０日間であり、1年に1頭の子牛を得るのが限界であることから、１頭の雌牛から生涯得られる子牛は多くても10頭程度となる。

そこで、現在雌牛の優良な資質に基づく改良技術として二つの手法が開発されている。その一つは、過剰排卵処理技術である。卵巣中には多くの未成熟卵子が存在し、自然の状態では利用されないままとなる。よって、これらを有効利用できれば雌牛側からの改良が可能となる。高能力の雌牛に過剰排卵処理用のホルモン剤を投与した後に人工授精を施し、得られる多数の受精卵を他の雌牛の子宮に借り腹として移植する。この方法は雌牛側からの改良手法として非常に優れており、普及している。しかし、回収できる受精卵の個数にばらつきがあり、安定的な受精卵確保のための研究が現在も取り組まれている。

卵巣内に排卵されずに残存する多数の卵子を有効利用するもう一つの手法が、体外受精技術である。食肉処理場から得られた牛卵巣から未成熟卵子を回収し、培養液の中で成熟させた後に、体外で精子と受精させ、7〜9日間培養する（図）。この方法では1個の牛卵巣から15個前後の卵子が回収でき、これら卵子を体外で受精させることで4〜5個程度の卵子が移植可能な受精卵（胚盤胞）まで発生する。さらに、現在では生体の卵巣から卵子を吸引する経腟採卵技術も確立している。この方法は、生体の卵巣を超音波画像装置で映し出して卵子を吸引する方法であり、過剰排卵処理に反応しない個体や繁殖障害牛、高齢牛、妊娠牛からも受精卵が生産できる。しかし、体外受精により生産された受精卵は、生体内由来受精卵に比べ受胎性が低いことや凍結融解後の生存性が低いこと、まれに過大子（分娩時に体が非常に大きく難産となる）が発生すること等が課題となっている。これらを改善するため、生産された受精卵の選別方法や体外培養液、凍結保存液の改善が求められており、現在も世界中で研究が進められている。

（渡邉　貴之）

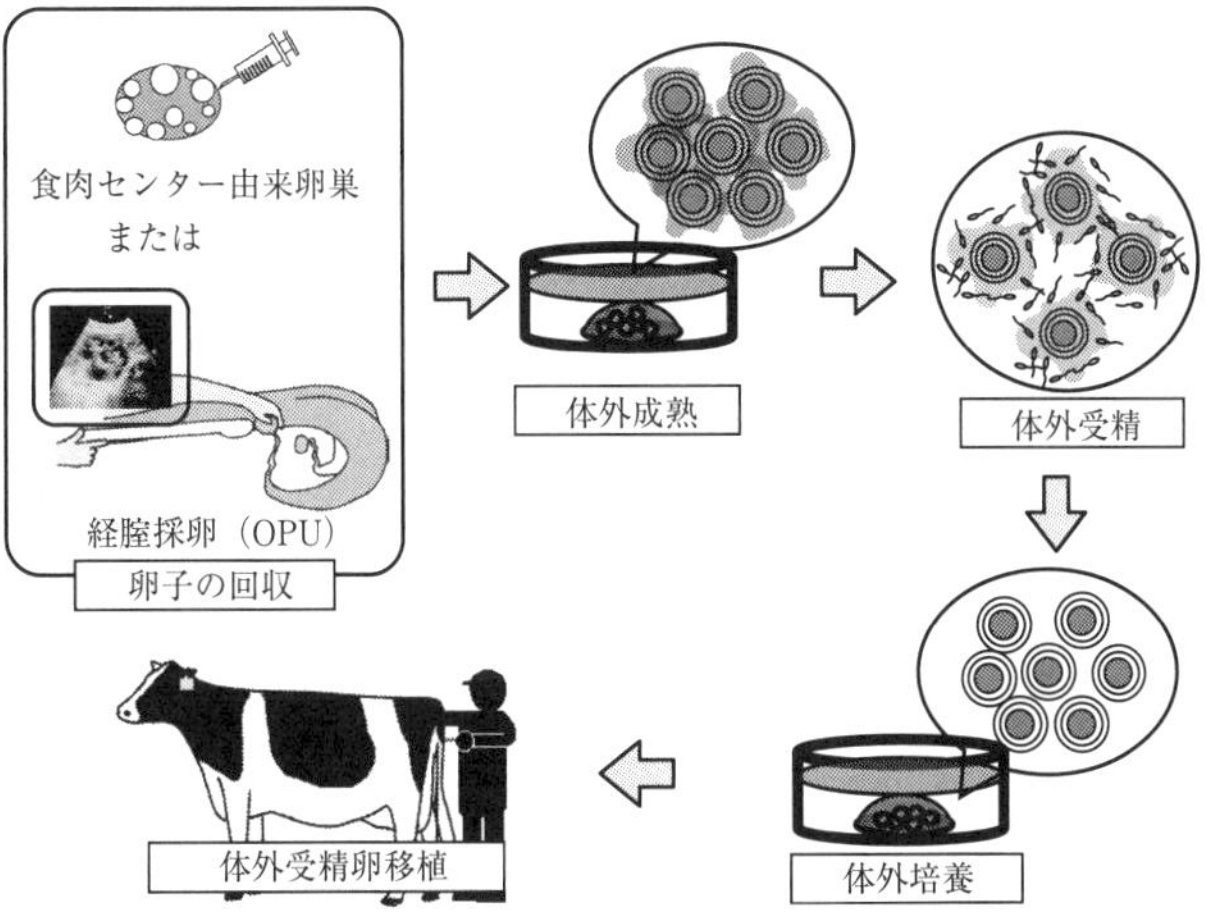

図　牛体外受精技術の概要

第三部　農林業を取り巻く地域・社会との関わり

第九章　在来作物の豊かな世界

前田　節子

一　コロナ禍から作物を眺めてみると

疫病退散と野菜

スペイン風邪の流行から一世紀経た令和2年、新型コロナウィルスが猛威をふるい、緊急事態宣言が発出された。コロナ禍という呼称も生まれ、日々の暮らしは大きく変わった。その昔、人々は災厄から防御するため神仏に祈りを捧げていた。祇園祭で有名な京都八坂神社には、疫病の神「牛頭天王」が祀られている。天然痘から身を守るため、家の入り口に牛頭天王の絵を掲げ、ひたすら祈っていたと言われている（井上　２０２０）。中世では梅毒が、近世以降では、コレラ、麻疹、スペイン風邪などが大流行した。このように、人類の歴史は「感染症」との闘いであったと言っても過言ではないだろう。

ひと昔前には不治の病とされた疾病が、現代では治癒あるいは寛解する。そのような時代に暮らす我々は、未知のウィルスに怯え、生活を大きく制限される日々が訪れるなど、想像すらしなかった。感染症に苦しんだ時代は遠い昔であると、我々は思い違えていたのではないだろうか。現代人は、もはや災厄に対する畏敬の念が希薄になっているのではないか、とさえ思えるのである。

さて、古来より病や災厄から命を守る手段として人々に認知され、継承されている芸能や伝統行事が、国内の各地に残っている。その中でも園芸作物や果実などを用いて、供養・祈願を行う行事が随所で確認されている（前田　2021）。筆者は、野菜や果実、芋類などを用いた祭りや供養に関心を持ち、調査を続けてきた。その中から「きゅうり」「かぼちゃ」「だいこん」「へちま」に注目し、まずは人間と作物と自然の関係を見ることにしよう。

きゅうり（ウリ科キュウリ属）が身代わりに？

神光院（京都市北区西賀茂）、蓮華寺（京都市右京区御室）では、「きうり封じ」を土用の丑の日に行っている。神光院では、土用の丑の日と弘法大師のお祭りの日にきゅうりを本尊弘法大師像にお供えして、疫病を退散させる「きうり加持」が行われている。肉体に発生した不自然な現象を病とし、それをきゅうりに封じ込ませ土中で腐敗・分解させることにより、病気が自然に同化消滅できると説いている。最初に氏名、年齢、病名を半紙に書き水引できゅうりに巻きつける。祈祷後、身体の悪いところをそのきゅうりで撫でて、病を封じこめる所作を三日間行う。きゅうりは、その後清浄な土に埋めるか、寺の「きうり塚」に納め、自然界に還す。五智山蓮華寺の「きゅうりふうじ」も、加持終了後はきゅうりを持ち帰り、「南無大師遍照金剛」と唱えながら三日間朝晩痛いところや悪いところに触れ、四日目の朝、土に埋めるか川に流す。夏の土用に行うのは、夏から秋への転換期で特別なエネルギーを持っている時期と考えられているからのようだ。

きゅうりは『本草和名』（918）などの古書に見られることから、千年以上前に日本に導入され食されてきた瓜である。江戸時代頃まで薬としても利用されていた（青葉　2000）。きゅうりの水分含量は、野菜や果物の中でも群を抜いている。また、表皮は薄くかつ傷つきやすい。このような条件も、災厄をきゅうり内部に透過させ封じるのに好都合である。きゅうり封じが始まった頃は、ウィルスや細菌という概念は皆無であったが、きゅうり内部に封じた災厄を、薬効により減少あるいは消滅させようとしたのかもしれない。夏の土用の頃であれば、瞬く間に腐敗し土中で分解して自然界と融合していくであろう。きゅうりに災厄を封じ込め、薬効により災いを減少させ自然に還すという手順により、自然界の負担を軽くすることも可能である。そのような意図も先人にあったかもしれない。そういえば、きゅうりの形はどことなく人の形に似ている。病を「人に見立てたきゅうり」に封じ込め、最終的に自然の循環の中で浄化させるという一連の流れは、神光院・五智山蓮華寺に共通している。

かぼちゃ（ウリ科カボチャ属）で病気知らず

安楽寺（京都市左京区鹿ヶ谷）のカボチャ供養は、江戸時代の住職が百日間の修行をされた時、「夏の土用の頃に鹿ケ谷かぼちゃを食べると中風にかからない」とのお告げを受けたのが始まりである。鹿ケ谷かぼちゃは、寛政年間に粟田村（現京都市東山区）の農家、玉屋藤四郎が津軽より種を持ち帰り栽培したのが最初である。かぼちゃははじめ菊座形をしていたが突然変異し、数年で瓢箪形になった（前田　2021）。この鹿ケ谷かぼちゃは、京の伝統野菜、京のブランド産品としてよく知られている。中風まじない鹿ヶ谷カボチャ供養は240年以上続いていたが、令和2年・3年のカボチャ供養は、新型コロナウィルス感染拡大防止の観点から中止の運びになった（URL　1）。

不思議不動院（京都市北区衣笠）の大師に備えられたかぼちゃは、八百屋やスーパーマーケットで見かける菊座型のものである。安楽寺のカボチャ供養は夏の土用に行われるが、不思議不動院では冬至に行われている。かぼちゃは、中風やボケを封じ五体健康になると言われている。

ニホンカボチャは、天文17年（１５４８）にザビエルが豊後藩主に献上したのが最初とされている。それとは別にルソン島から長崎に伝わり、ポルトガル語のアボブラが訛ってボウブラとなり、天正年間には農家で栽培されるようになった。（青葉　２０００）。室町時代後半にニホンカボチャが伝播されてから江戸時代後半に至る間に、単なる食材ではなく、中風予防の祈願（厄除け）のための作物になった。夏の土用と冬至という節目に、「祈りを伴って食する野菜」として人々に用いられたのである。先人は、夏の土用と冬至にかぼちゃを食し、厳しい季節を乗り越え健康の維持促進をはかろうとしたのである。

だいこん（アブラナ科ダイコン属）は百病の薬

了徳寺（京都市右京区鳴滝）は、通称「大根焚寺」と呼ばれている。鎌倉時代の建長四年、親鸞聖人が了徳寺を訪れ村人たちに教えを説いた折、村人はお礼に塩炊きの大根をご馳走した。この故事に因んで行われている報恩講の通称が「大根焚」であり、そのお斎（とき）としての大根焚が七百五十年以上継承されている。親鸞聖人に捧げた大根は塩焚きであったと伝えられ、親鸞聖人御木像には、昔ながらの塩味の大根が供えられている。現在参拝者には、しょうゆ味に焚かれた大根が振舞われている。（前田　２０２１）。

だいこんは、アブラナ科の根菜で、日本人が千数百年食べ続けてきた馴染みの深い野菜である。煮る、干す、おろす、漬けるなど様々な調理方法がある。およそ七百五十年前、鳴滝了徳寺で大根焚が始まった時には、すでに人々の暮らしの中でなくてはならない野菜であった。『本草和名』第十八巻　菜六十二種の中に於保祢（オホネ）の名が記載されている（青葉　２０００）。ダイコンの古名は「スズシロ」といい、春の七草の一つに数えられている。「麻疹禁忌荒増」には、百薬の薬であり、汁物の具にすることで、体の中を温め、不足しているものを補い、食べ過ぎたものを消化するなどが記されており、大根の効能が絶賛されている（母利　２０００）。つまり、ダイコンは、食材と薬効を兼ね備えた作物であると、長い間考えられてきた。「違い大根」など家紋としても使われ存在感を示す一方で、大根足とか大根役者などあまり褒めた意味に使われない不思議な作物である。

へちま（ウリ科ヘチマ属）とお月さま

比叡山延暦寺・赤山禅院（京都市左京区修学院）のぜんそく封じ「へちま加持」は、古より毎年仲秋の名月の日に行われてきた。仲秋の名月に加持を行うのは、その日から月が欠けていくのと同じように、病（ぜんそく）を封じさせるためだと言われている。天台宗の秘法である「へちま加持」を受けた後、「へちまのおふだ」を持ち帰り、清浄な場所に穴を掘り「へちまのおふだ」を納め、上から土をかける。水をかけ、次に「おんあぼきゃ　びろしぇな　まかもだらまに　はんどま　じんばら　はらばりたやうん」という光明真言を二十一回唱え念ずる。あらかじめ、コップ等に加持を受けた「尊勝陀羅尼」の梵字を二～三文字ちぎって水に浮かべておく。ご真言を唱えたら、さらに三回真言を唱え陀羅尼を浮かべた水を飲み干す。これを二十一日間続ければ、三年に一回の参詣でぜんそくがおふだに封じ込められると伝承されている。赤山禅院のへちま加持は所作がとても複雑であり、三週間という時間を要する宗教性が高い難儀な作法である。

へちまは江戸時代初期に渡来し、静岡県内でも栽培されていた。文政四年（１８２１）にへちま水五升を薬用として幕府に献上した記録が残っている。へちまのヌルヌルとしたテクスチャーは喉に良いとされ、ぜんそく加持に使われるようになったらしい。赤山禅院では、のどや咳に良いとされるへちま汁が振舞われるが、繊維状になったへちまは土中に埋めるため、実際に食べることはない。へちま封じは、月が満月から新月に向かい欠けていく自然現象に肖り、病を徐々に減じていくことを祈願する。他の野菜を用いた伝統行事と比較して異なる所作が多い。悪いものを瓜であるへちまに封じこめ、それに天台宗の秘法と月の満ち欠けを組み合わせて病を解決しようとしている（前田　２０２１）。

二　作物の多様な役割

自然と人をつなぐ作物

食品には、栄養機能・感覚機能・生体調節機能という三つの機能があると、多くの教科書には記されている（青木他　２０１８）。筆者は以前より、これらの機能以外にも役割があるのではないかと考えてきた。ここでは、作物のさらなる役割について考えてみることにしよう。

前節では、野菜を用いた祈願や供養に着目したが、古の人々は、作物の薬効に多大な関心を寄せていたことが確認された。さらに、作物は、災厄を自然界に移行させ浄化するために重要な役目を担っていることがわかった。また、人間と作物の近くには、常に「祈り」が存在していたようである。作物は、「災厄」を自然界に還すための「仲介役としての役目」を果たしていることが見えてきた。人間は、食品に各種栄養素の供給源としての機能や美味しさ、機能性成分からは健康増進と疾病予防を期待し、エネルギーと安らぎを得ている。それらの恩恵を与えてくれる自然に対し、人々は祈りを通して畏敬の念や感謝を示す。このような、人と作物と自然と循環が、今も連綿と営まれているのである。

イネは類いまれ

さて、ここで改めて作物の周辺を眺めてみることにしよう。日本人の主食であるイネを例にあげてみる。日本では、田んぼにあるのはイネであり、収穫したイネは米である。米を炊飯したものはご飯あるいは飯（めし）と呼ばれている。このように、日本ではいくつもの呼び方がイネにあるのだが、欧米諸国では、すべてライス（ｒｉｃｅ）と表現される。田のイネもライスでありレストランでオーダーするご飯もライスである。言葉の分化は人との関わりの程度を示すとされることから、日本人とイネは、諸外国に比べて親密な関係にあることがわかる。

江戸時代に税を米の収穫高に換算する石高制が定められたように、米はかつて貨幣そのものであった。さらに、石高制の単位である一石は、当時の容積の基準とされていた。このように、米は主食であるとともに、貨幣や容積の単位としての意味をもっていた類いまれな作物である。さらに、神への供物でもある神聖な作物でもある。京都八坂神社祇園祭りの還幸祭では、神を乗せた神輿に束ねた稲穂が飾られ、上下左右に穂をなびかせながら、暗闇の中をホイットー、ホイットーという掛け声とともに八坂神社へ還っていく。伏見稲荷の田植祭や抜穂祭では、舞や雅楽が奏でられる中、田植えや稲刈りが進められる。年末になると、多くの神社では稲わらで作られたしめ縄が飾られ、新しい年神様を迎える。

このように、作物は、人間の身代わり、神や自然との仲介役として、舞や音などの風景を伴いながら、実に多様な関わりをもちつつ栽培されている。「豊かさ」の捉え方は個人によって異なり言葉で示すのは難しいが、その賑わいを「豊かさ」と表現するのはどうだろうか。「豊かさ」は、人が作物や自然と関わる営みの中で織りなす時間、空間や音などの風景から生じるものではないだろうか。筆者は、田植歌、神輿の掛け声や鍬や鋤で農作業をする音など、作物の周辺にある音の世界を「音風景」と呼ぶことにしている。作物が周辺の世界と有機的に関わりあい生じた「豊かさ」は、まさに教科書には書かれていない食品（作物）の四番目の機能であろう。

三　農から生まれた能

田んぼと鼓

十四世紀に、世阿弥により芸能として洗練されたのが「能楽」である。小鼓方大倉流十六世大倉源次郎は、「能」と「農」には深い関係があると述べている。月次風俗図屏風などの古い絵図をみると、田植えの傍で太鼓をたたき、鼓を打って舞う様子が描かれている。苦労が多い農作業を、楽しいダンスパーティーのようにイベント化するために、囃子に乗って田植え歌を歌い、踊るように「鼓舞」している風景である。「田」という字の真ん中には、囃子を奏でる音楽隊がいて、横一文字に並んだ早乙女が少しでも楽しく田植えをするための工夫がされているそうだ。そのリズムは、なんと有名な能「三番叟」と同じであるという（大倉　２０１７）。

ところで、昭和四十年頃の農村では、小中学校に「田植え休み」や「稲刈り休み」があった。子供たちは村の結に混じって田植えや稲刈りをしたのである。当時は高度経済成長期であったが、まだまだ農業の大型機械化が進まず、子供の手も重要な労働力であったわけである。今では農家に田植機やコンバインが導入され、何条もの苗が一度に植えられたり刈り取られたりしていく。現代の田植えや稲刈りは、機械を相棒に独り黙々と行われ、時間をかけ、腰を曲げながら作業をするイメージはもはやない。このように、子供の手もかりるほど大変であった農作業は、その昔どれだけ重労働であったか想像に難くない。古の時代、作業の効率を上げるため、あるいは疲労の軽減のために笛や太鼓が農の現場（稲作）に必要とされ、効果をあげていたのである。現在でも、「囃子田」「大田植」「花田植」と呼ばれる田植囃子を伴った行事が各地に残されている。笛と太鼓、音頭取りの歌と簓（ささら）による曲に合わせて、タスキをかけ菅笠姿の早乙女たちが、田植を行う広島県山県郡北広島町「壬生の花田植」は有名である（森田　林　２０１５）。このように、人が過酷な労働を担っていた時代、その力を最大限に引き出すため、苦労の中の楽しみに鼓が重要な役割を果たしていたのである。

日本の三大芸能は、能、歌舞伎、文楽と言われているが、能は農を原点とする農業と関わりの深い伝統芸能なのである。不思議なことに、両方とも「のう」である。

四　在来作物ってどんな作物？

在来作物が流行っているらしい

「在来作物」ってどんな作物なのだろう。在来作物の特徴として、「その土地や時代の生態系や社会に順応したものを人間が選抜してきた」「種とり、流通、利用などの付随する技術や文化に特徴がある」という点があげられる。しかしながら、在来作物には統一された定義があるわけではない。静岡在来作物研究会では、先行事例である「山形在来作物研究会」の定義を参考に、在来作物を⑴ある地域で栽培されている作物で、世代間で継承されている。⑵栽培者自らの手で種取り（種子の採取や栄養繁殖）が行われている。⑶特定の料理や用途に使われている、という三つの要件を満たすものとしている。ここからもわかるように、在来作物とは、単に生物学的な作物を示すのではなく、どちらかというと、生産や利用に関わる人に重きをおいているといえる（静岡在来作物研究会編　２０１５）。

さて、在来作物と呼び名は似ているが、「在来品種」とは、遺伝的な特性が他と明らかに異なり、その地域内である程度の広がりを持つ作物である。「伝統野菜」とは、在来野菜の中で地方の自治体や生産流通に関わる人々が栽培地域や栽培歴に独自の基準を設けて保存と特産化を行っている場合、そう呼ぶことが多い。有名な「京の伝統野菜」は、明治以前から京都府内に導入され栽培されてきたタケノコを含みキノコを除く野菜のことであり、現在栽培され保存されているものの他に、絶滅したものも含むとされている。このように、伝統野菜は、在来野菜の中から歴史や栽培場所などの条件に適う品目が認定されており、在来野菜に比べて限定された意味で使われていることが多いようである。

ところで、在来作物は商業品種と比べてどこが違うのか。品種改良された商業品種は、一般的には広範囲に栽培・流通できるように育種される。つまり、万人受けしやすい味や形をしているのに対し、在来作物は、⑴強い香りや苦み、辛みなどの個性的特性を持つものもある。⑵耐病性は強くない。⑶収量は、商業品種よりも少ない。⑷外観や形態も不揃いであることが多い（山形在来作物研究会編　２００７）。したがって、在来作物の数だけ味もある大量生産には不向きな作物である。このように、欠点が多いように見える在来作物は、効率化を求める今、なぜ全国で注目されているのか。不思議な作物である。

在来作物のある風景

静岡在来作物研究会は、静岡県内の大学や高校の研究者が、生産者や料理人などと連携しながら学際的に活動しているグループである。在来作物は、顕在化しにくいので「発掘」しないと見えてこない。農家の畑や旧家の庭の片隅に、ひっそりと残っていることが多い。静岡県内に何種類の在来作物があるのかは、実のところはっきりしないが、研究会では、50以上あることを確認している。２０１３年から約2年かけて行った静岡県内の在来作物の保全と活用について、研究会が取り組んできた成果の一つとして、在来作物に直接関係する人たち（農家や料理人）が主役となって「在来作物と私」と題する冊子をつくった。そこには、関係者の視点だからこそ見える厳しい現実や状況、あるいは在来作物に寄せる熱き想いが描かれている。研究者目線ではない当事者の立場で、南伊豆（静岡県賀茂郡）から天竜・水窪（静岡県浜松市）まで60数名が冊子作りに携わった。調査結果から、在来作物というユニークな作物が県内あちこちに存在することが確認されただけでなく、その周辺にある農の風景が明らかになった。風景とは、文化や人によって織りなされる多様性や豊かさを含めたものを指し、研究会では「在来作物のある風景」とよんでいる（静岡在来作物研究会編　２０１５）。その冊子から、生産者の何人かを紹介してみることにしよう。

在来作物と私

掛川市（静岡県）に住む昭和14年生まれのMさんは、今も在来そら豆栽培を続けている。そら豆を食べて成長したと言えるほど、子供の頃から食べ続けてきたそうだ。昔は、10月半ばになるとどこの農家もそら豆の種播きをし、4月末から収穫を始めた。今のように食材が豊富でない時代、そら豆の美味しさは格別だった。そら豆ごはん、弁当のおかず、さらに、5月の端午の節供にいただく柏餅は、小豆あんの代わりにそら豆が餡として重宝された。甘いものが貴重だった時代、一家総出で作ったそら豆餡の柏餅の味は格別であったという。硬くなったそら豆を煎って、おやつにボリボリ食べたのも懐かしい思い出であるという。今は、コンビニに行けば、スナック菓子がいつでも買える。そら豆を煎っておやつにすることもなくなった。

静岡市大谷で栽培されているかつぶし芋は、小芋、孫芋、ズイキも食べる。Mさん宅では、正月のお雑煮はかつぶし芋を使うと決まっていて、大根は輪切りにするなどのしきたりが残っている。かつぶし芋は、味が濃く、出汁いらずのため、昔からこの地域ではお雑煮に使われていた。冬の間は、椿の木の根元にイモガマを掘って春の彼岸頃まで貯蔵していた。かつぶし芋は、アカメと比べると小芋の数が多いが収量は少ない。もともと麦と一緒に植えて、春に麦が収穫できる頃に芽が出るようにしていた。ダイコンを沢庵にするときに干した葉を元肥に使っていた。

大量流通に向かない在来作物

静岡県は東西の文化が交流する地域である。井川・梅ケ島（静岡市）、水窪（浜松市）や御殿場（御殿場市）のような山岳地帯から南伊豆（賀茂郡）、三保（静岡市）や沖之洲（掛川市）のような海辺の地域まで多様な風土や気象条件の中でユニークな在来作物が育まれている。温暖な気候の静岡県は、多年生の作物は越冬しやすいという恵まれた条件がある。その反面、「うっかり種まで食べてしまった」という笑い話も後をたたない。このようなケースは山形では聞いたことがなく、静岡特有の現象らしい。そもそも、在来作物の流通は、小口の限定されたもので、自家消費であったり、おすそ分け用であったりする。最近では、直売所や農家レストランでの利用もあるが、種の供給、労働力、利用方法などに制限され大量の流通はできない。一方で、「ブランド品種として活用できないか」と考えを巡らす農業資材屋、「ほんものの食」を求める料理人など人々の思いは様々である。静岡の在来作物の現状は多様である。

五　在来作物は生きた文化財

商業品種は栄養を満たすためのモノとすると、在来作物は、モノ的な存在であると同時に、歴史や文化、栽培や利用などのノウハウといった、いわば知的財産を過去から未来へと伝えていく媒体である。そのことを最初に指摘したのは、青葉高であった。日本では、イネの在来品種についての研究はされていたが、それ以外の作物での在来作物に関した蓄積は多くない。青葉は、１９５０年代から「在来野菜」を調査し、食材としての価値だけではなく、歴史や文化を知るための文化的価値、いわば「生きた文化財」であると『北国の野菜風土誌』（青葉高　１９７６）の中で提唱している。

在来作物が今脚光を浴びている理由として、「古くて新しい野菜」という特徴がある。苦い、辛い、硬いなどの味や食感は、商業品種で育ってきた若い世代には、むしろ新しい発見であるらしい。一方で、年配者には懐かしさが感じられ、再発見の喜びがあるようだ。みんな違ってそれが良いというように、「個性が認められる時代の到来」も在来作物にスポットをあてている。地域限定の食材である在来作物は、地域の個性の象徴ともいえるだろう。高度経済成長やバブルを経験し、今や生活水準が一定レベルを超えるようになった。そのような生活の中で想定外に起こった様々な震災は、お金や効率よりも大切なことがあることを人々に気づかせた。まさに、「心の時代」が来たのである。また、地産地消、フードマイレージやＳＤＧｓといった取り組みや提言も進み、「地域の食文化の推進」も追い風になっている。地域の食材にこだわるのであれば、伝統行事に密接に関わっている在来作物に関心が向くのも頷ける。青葉が「在来作物は生きた文化財」と提唱してから数十年の時間を経た平成になって、効率とは無関係に作物を大事にしてきた生産者の「心」に、ようやく気づき始めたのである。

六　在来作物の豊かな世界

豊かさの定義は個人により異なるであろうが、人と作物、芸能などが関わりあい、それぞれの糸から織りなされて出来上がった時間や風景そのものが、豊かさの要因になるのではないか。そのような印象を、在来作物の調査や生産者と接して持つようになった。遠州灘にある沖之洲では冬になると干し芋が作られる。サツマイモは畑で育つ作物であるが、ここの干し芋は、浜辺の砂地、遠州の乾燥したからっ風、そしてにんじん芋を愛する生産者抜きではあの味と食感にならない。海、風、砂、畑、芋、作り手の技により奏でられる光景は、遠州灘の冬の風物詩になっている【図1】。沖之洲では、現在掛川在来にんじん芋が細々であるが栽培されている。農は、人間が自然と関わる営みの一つである。農の「豊かさ」の継承を考えた時、在来作物が持つ「豊かさ」を、人々が「新たな価値」として認知することが必要である。そのためには、在来作物のまわりにある風景を明らかにし、その個別の風景が次世代に継承されること、そして、何よりも大切なことは、価値の認知や継承が当事者自ら行われることである。

図１　干し芋の風景（2014 筆者撮影）

静岡在来作物研究会では、利用を中心とした環境条件、農業技術や文化などの総体を「在来作物のある風景」と称している。在来作物を継承することとは、「在来作物のある風景」そのものの継承であり、「豊かさ」は、風景と継承の中に見出されるものと考えている。静岡県内には、まだまだ相当数の「在来作物」が日常の中に埋もれていることが想定される。作物の持つ豊かさについて第1節から述べてきたが、作物の中でも、種取りや年中行事と深く関わっている在来作物は、特にその豊かさが鮮明に見えてくるのである。在来作物は決して過去の作物ばかりではない。新たに生まれてくる在来作物もある。22世紀に向かって、どんな在来作物が「豊かな世界」を作るのであろうか。

引用・参考文献

青木　正・斎藤文也編著　２０１８『コンパクト食品学総論・各論』朝倉書店

青葉　高　２０００『野菜の日本史』八坂書房

井上　栄　２０２０『感染症』中公新書

大倉源次郎　２０２１『大倉源次郎の能楽談義』淡交社

静岡在来作物研究会編　２０１５『在来作物と私』玉川きこり社

前田節子　２０２１『和食文化研究第三号　疫病と食』和食文化学会

母利司朗編　２０２０『和食文芸入門』臨川書店

森田　玲・林宗一郎　２０１５『平成二十六年度京都市芸術文化特別奨励者活動報告書』

山形在来作物研究会編　２００７『どこかの畑の片すみで』山形大学出版会

ＵＲＬ　Ｌｉｓｔ

住蓮山安楽寺　http://anrakuji-kyoto.com（２０２１年4月25日閲覧）

コラム9　高山植物と鹿

南アルプスは、日本列島の中央に位置し、静岡県、山梨県、長野県の3県に3千メートル級の山々が連なる広大な山脈である。

この地には、氷河時代の名残である北極を取り囲むようにして寒帯から亜寒帯に広く分布する植物つまり周北極植物や、ライチョウ等の貴重な動植物が生息・生育している。

これらの動植物のうち、分布の南限になっているものもあり、南アルプスの生態系の重要性は言うまでもない。

高山植物にとっての脅威は、かつて人間の盗掘や踏みつけであった。しかし、近年、登山マナーの向上により、人間の影響はほとんどなくなっている。

現在の一番の脅威は、鹿である。鹿はこれまで高山帯には進出したことがないと言われているが、一九九〇年頃から鹿の採食痕が見られるようになってきた。

亜高山帯や高山帯に進出したシカは、南アルプスを代表する植物群落いわゆる「お花畑」を食事の場所として利用しており、その食欲から鹿が好まない植物以外はほぼ全て食べつくしている。

高さ1メートルの草丈からなる高茎草本群落のほとんどは、鹿の食事場所の対象であり、まるでゴルフ場のグリーンと見間違うほどまで刈り込まれ、お花畑とは程遠い景観になっている。

鹿の影響を受けたお花畑の復元方法として、防鹿柵（鹿が入れないように金属やネットで囲んだ柵のこと）を各地に設置している。

防鹿柵は、積雪の影響が小さいところでは、金属の支柱と金網による柵を一年中設置したままとしている。その影響が大きいところでは、たとえ金属であっても柵が破壊されてしまうため、融雪後に繊維強化プラスチックの支柱とナイロン製のネットで柵を設置し、降雪前の秋にはいったん撤収している。

鹿は融雪後、植物の発芽・展葉に合わせて、高山帯に上がってくるため、毎年、柵の設置が早いか、鹿が高山帯に上がってくるのが早いか競争である。

防鹿柵を設置したからと言って必ず昔のようなお花畑が復元するかは、いまだ未知である。

しかし、復元試験地の一つである聖平ではニッコウキスゲ群落が回復しつつあり、かつての状態になるのではないかと期待している（図）。

お花畑を次代に引き継ぐためにも防鹿柵の維持管理や高山植物の生態解明等、課題は山積みであるが、やりがいのあるテーマである。

（鵜飼　一博）

図　南アルプス聖岳の南に位置する標高約 2,300 mの聖平（静岡市葵区田代）の復元試験地内で開花したニッコウキスゲ

第十章　文化的景観と世界かんがい施設遺産

中山　正典

地域において農林業の歴史・文化を把握し、その保全・活用を図ろうとするとき、文化的景観の選定と、世界かんがい施設遺産登録の動きに注目したい。前者は生業（農業）を基底においた景観を文化的景観として捉え、その保全・活用をどのように推進していこうかという動きである。後者は、主には農業土木からのアプローチであるが、地域における水利かんがいに大きく貢献した農業用水などのかんがい施設を登録し、その農業土木やかいがん技術を顕彰、保全していこうとする世界的な動きである。

地域的展開として静岡県内の事例にも着目し、農林業に関わる伝統文化を根底に持つところの景観、施設を具体的に取り上げて、保全・活用を図ろうとする全国的な動きの中で、地域でのその保全への取り組み、そして展望をここで確認していきたい。

一　文化的景観

景観・景色

われわれは知らず知らずのうちに景観・景色（landscape, scenery）からその地域の文化（culture）を読み取っている。本稿では景観と景色を「眺め」と同意の「風景」を示すことばとして扱う。不可視とも思われる文化を可視的な眼前の景色から理解することは、個人差は大きいものの、少なからずできるものである。富士山の秀麗な山容を見たとき、「白米（しろよね）の千枚田」として著名である石川県輪島市の日本海の海岸線に並ぶ見事な棚田を見たとき、われわれはそこに普遍的な、ある面共通の価値、文化を読み取っている。このように富士山の山容を見たとき、白米の千枚田を見たとき、「美しいなあ」と思うその景観、景色はどうしてそこに存在するのか。何がその存在を規定してきたのか。

柳田国男は『豆の葉と太陽』（昭和15年）の中で次のように語っている。「強ひて風景の作者を求めるとすれば、是を記念として朝に晩に眺めて居た代々の住民といふことになるのではあるまいか。村を美しくする計画などというものは有り得ないので、或は良い村が自然に美しくなって行くのではないかとも思はれる。」（柳田　1940）美しい村、それは美しい自然、景観に恵まれた端麗なたたずまいの集落なのであろうが、そのような美しい村は「村を美しくする計画」によって作り上げたのではなく、住民が「良い村」を作り上げようとしている日常の営為が自然と「美しい村」、美しい景観を作り上げるのだ、というのである。

長野県佐久市街地の西側には水田地帯が広がり、延々と続く稲穂の田園地帯とその向こうの浅間山の景観は、訪れた者が誰もが息を飲む絶景である。佐久市は、東には碓井峠、十石峠が南北に並ぶ関東山地があり、南西には八ヶ岳、蓼科山が聳える山塊があり、北には双頭の秀麗な浅間山があって、四方が城壁のような山並で囲まれた盆地にある。五郎兵衛用水は、寛永7（1630）年に市川五郎兵衛によって、長野県佐久市浅科の不毛の原野を開墾するためにできた農業用水であり、現在この受益地で収穫される米は「五郎兵衛米」とよばれるブランド米である。この農業用水は、蓼科山の湧き水を水源とし、蓼科山から北流する細小路川と湯沢川の合流地点で取水し鹿曲川の東側の断崖に水路を切り込み、片倉山に隧道を掘り抜き、伏の谷に水を導いている。この五郎兵衛用水の美しさはこの地での水田稲作農耕の歴史がもたらしている。それに加えて、五郎兵衛用水土地改良区の理事長中澤政幸さんは次の点を強調された。それは、この用水の受益者たちは景観を保持するため電柱の埋設に取り組んできたことであった。この景観を守るため、労力と資金を投下して、視覚に入る電柱や看板などを取り除いてきた。「この努力がなければ今の美しい五郎兵衛用水はない。」という。良い村を作り上げようとする、そこに住む人々の日頃の営みが、この美しい景観を作り出してきたのである。（図１）

図１　五郎兵衛用水と浅間山

文化的景観

文化的景観とは、自然的景観が人為から乖離した自然として景観を扱うのに対し、人間との関係性の上において景観を考え、その保全、活用について取り組むことをも意味する。

日本国内においては「文化的景観」の選定の動きは、２００３年に「近江八幡の水郷地帯」から始まり、２００８年には「四万十川流域の文化的景観」および「宇治の文化的景観」がそれぞれ重要文化的景観として選定されたことで注目された。四万十川はこの清流を中心とした生活が、宇治においては茶の文化を中心とした地域性が着目されて選定に至っている。文化財保護法における文化的景観は生業と密接に関わり、生業が作り出した景観が強調されて今日に至っている。景観保全を考えたとき、当然その景観を保持していくためには、その景観を作り出してきた人びとの営み＝生業を考えないといけないという議論は以前より盛んにあった。鬼頭秀一は『自然保護を問いなおす』（鬼頭　１９９６）において従来の環境倫理思想を分析する過程で、「人間の生が自然とのかかわりの中にしかありえず、しかも、人間の自然とのかかわりの一番基本的な形がそのような「生業」の営みであるにもかかわらず、その問題を、人間中心主義か人間非中心主義かという、人間と自然を対置させた二分法の図式でしか捉えきれなかったところにその根底的な問題がある。」と指摘している。この議論において大切なことは、「生業」の営みに着目することは、人間と自然とのかかわりを考究するにおいて最も根本的な問題であるということである。

生業と文化的景観

国内の文化財を保護する目的で１９５０年に制定された文化財保護法は、２００４年の改正で「文化的景観」を導入し、文化財の新たな領域として文化財保護体系の中に組み込んだ。同保護法の中で、文化的景観とは「地域における人々の生活又は生業及び当該地域の風土により形成された景観地で我が国民の生活又は生業の理解のため欠くことのできないもの」（文化財保護法第2条第1項第5号）と定義された。文部科学省が「重要文化的景観選定基準」を平成17年に告示し、その内容を例示している。以下のものが典型的なものとして挙げられている。

「（一）水田・畑地などの農耕に関する景観地
（二）茅野・牧野などの採草・放牧に関する景観地
（三）用材林・防災林などの森林の利用に関する景観地
（四）養殖いかだ・海苔ひびなどの漁ろうに関する景観地
（五）ため池・水路・港などの水の利用に関する景観地
（六）鉱山・採石場・工場群などの採掘・製造に関する景観地
（七）道・広場などの流通・往来に関する景観地
（八）垣根・屋敷林などの居住に関する景観地
重要文化的景観選定基準（2005年3月28日付け文部科学省告示第46号）」

これら示された景観地について、我々は容易にその背景に「生活又は生業」を読み取ることができる。特に農業については（一）（二）（五）において、明確に直接関係する人間の営みが展開する場であることが分かる。

農業と文化的景観

文化庁は2000年から「農林水産業に関連する文化的景観の保護に関する調査研究」を実施し、農林水産業に関連する景観を順次取り上げて来た（文化庁　2005b）。ここで「農林水産業に関連する文化的景観の保護に関する調査研究」における「文化的景観」の定義を確認しておきたい。その定義は「農山漁村の自然、歴史、文化を背景として、伝統的産業及び生活と密接に関わり、その地域を代表する独特の土地利用の形態又は固有の風土を表す景観で価値が高いもの。」となっている。この定義の下、全国の市町村にその対象地を挙げてもらい、一次調査の対象として2311件が挙がり、この調査では最終、180件の重要地域が選択された。今まで重要文化的景観に選定された多くはこの調査で取り上げられたものであった。また、この調査事業とは同時に「採掘・製造、流通・往来及び居住に関連する文化的景観の保護に関する調査研究」も実施されていて、「宇治の文化的景観」と「四万十川の文化的景観」が、この調査によって選定されたと報告されている。

朝霧高原の酪農

朝霧高原は、富士山西麓の標高600～1000メートルに位置する火山灰土壌の高原である。昭和21（1946）年の国内緊急開拓事業により、長野県の戦後引揚者で構成された西富士開拓団により開拓が始まった。昭和29（1954）年には集約酪農地域の指定を受けた。朝霧地区の開拓が困難を極めたのは、土壌による要因が一番大きいと考えられる。水田はもとより出来ないが、畑作を行うにも、近辺に湧水はなく、土壌に保水力がないため降水を溜めることができず、雨水だけでは畑作は出来なかった。また、飲料水も足りず、夏季には戦後の入植直後にも困難を極めたという。土壌において最も人々を困らせたのが「フジマサ」とよばれる凝固したスコリア層であった。この悪条件を克服して開拓事業が進められ、全国有数の酪農地帯となった（中山　2013）。

富士山を背景として、牧草地に牛や羊が群れ、防風林、サイロなどの酪農施設が点在するなど、広大な牧場の景観が形成されている。また、朝霧高原の周辺には、かんがい用の人造湖である田貫湖や白糸ノ滝などの良好な自然環境が残されており、貴重な生態系が維持されている。大規模な酪農地帯として牧場経営の継続とともに景観の保全が図られることが期待される。

二　世界かんがい施設遺産

世界かんがい施設遺産とは

次に日本の水田稲作農耕において不可欠な水利かんがいの施設に着目し、その保全、活用に重要な方向性を示してきた世界かんがい施設遺産登録の動きを確認したい。「世界かんがい施設遺産」とは、1950年に設立された国際機関、国際かんがい排水委員会（ICID＝International Commission on Irrigation and Drainage）が認定した登録制度である。この制度は、インドのニューデリーに本部を置くICIDが、かんがいの歴史・発展を明らかにし、かんがい施設の適切な保全に資することを目的として、建設から100年以上経過し、かんがい農業の発展に貢献したもの、卓越した技術により建設されたもの等、歴史的・技術的・社会的価値のあるかんがい施設を登録・顕彰するために2014年に創設されたものである。世界においてはナイル川のアスワンハイダム（エジプト）など現在（2021年）登録数107、日本の登録数は42を数える（農林水産省世界かんがい施設遺産）。

立梅用水

立梅用水は、櫛田川の右岸三重県多気郡多気町立梅で取水し、その下流の多気町波多瀬、片野、朝柄、古江、丹生を潤す農業用水である。この立梅用水は農業用水の多面的機能にいち早く着目し、国・県の力を借りながら地域とともにその保全・活用に努めてきた。筆者の管見ながら、農業用水の現在、将来を展望するのに最も相応しい内容を持った農業用水の一つである。

この立梅用水2014年に世界かんがい施設遺産に登録されているが、そのとき、東奔西走して登録への環境づくりをしたのが高橋幸照さん（元立梅用水土地改良区事務局長）であった。彼から、地域を挙げて立梅用水を保全・活用していこうという活動のいくつかを紹介してもらった。この農業用水の受益地では、土地改良区の職員が、EV（長小型電気自動車）を駆って、独居老人宅へ安否確認に回っている。立梅用水の水を利用して発電した電力を売り、国庫補助も受けてEVを導入し、山間の高齢者宅へ安否確認の事業を続けている。EVに乗った職員が小規模発電所で充電し、そのまま高齢者宅を回り、声をかけ、用水管理もして回ることを続けている。地元の独居老人の方には大いに感謝されている。また、野生動物による食害防除事業として、サルに電波発信機を装着し、サルの群れが里山の畑近くに来たことを確認して、EVで土地改良区の職員が駆けつけて空砲等の防除作業を行う。これも水力発電による売電の収益等が利用されている。ここには江戸時代から営まれてきた立梅用水という農業用水があり、それを管理する土地改良区がその地域の高齢者の生活を考え、農業用水の多面的機能に着目することによって、地域の人々、地縁関係の人々に安心感を与える福祉事業が展開できている。

丹生川沿いの丹生村は、江戸時代後期まで耕地の大半が畑地で、農業用水に恵まれていなかった。村の窮状をみかねて丹生村の紀州藩地士西村彦左衛門為秋は、大規模な農業用水路の建設を計画し、流路となる5ヵ村の建設嘆願書をまとめ紀州藩へ差し出した。再三の請願活動が実を結び、10年後の182

3年、紀州藩の直営事業として完成した。隧道が3ヵ所あり、その労苦は「岩一升・米一生」という言葉で現在も語り継がれている。西村彦左衛門の命日には毎年現在でも追悼行事が行われる。

立梅用水の多目的機能

「農業用水」という用語には既に農業用、水利かんがいをするという目的の下に設置されている用水システムが含意されている。しかし近年、この河川から、池から、湧水から導水する用水路が農業における水利かんがい施設としての機能だけでなく、環境問題、景観保全を視野に入れてその多面的機能がしばしば語られるようになった。立梅用水では、多気町勢和地域において地域用水として多面的機能を発揮しており、以下が「立梅用水の暮らしを支える9つの多面的機能」である。①防災用水、②観光・地域活性化用水、③地域教育・福祉用水、④生活維持用水、⑤小水力発電用水、⑥農村環境保全用水、⑦生態系保全用水、⑧歴史的遺産保全用水、⑨農村協働力・自治形成用水、である。

平成5年から、立梅用水沿いやその周辺に約3万本のあじさいが植えられ、あじさいの景観づくりが農村環境保全用水としての機能に着目しての事業であった。これら9つの多面的機能を発揮する中で立梅用水は保存管理・活用の目標を設定していった。それは（1）用水施設・以降の維持、継承と、（2）水辺環境と一体となった景観を整備活用、の二つに収斂していく（多気郡多気町　2018）。立梅用水の土地改良区を中心とした取り組みはこの景観の整備活用に展開していき、櫛田川右岸中流域の景観保全・活用に大きく貢献してきた。

国内の世界かんがい施設遺産

世界かんがい施設遺産の登録基準は、ＩＣＩＤの日本国内委員会事務局より９つ示されている（農林水産省　世界かんがい施設遺産）が、その中で以下の３点についてここでは確認しておきたい。

９つの基準の内（１）かんがい農業の発展において、重要な段階又は転換を象徴する施設であるとともに、農家の経済状況の改善に加えて農業発展及び食料増産への寄与が明確である施設であること、が筆頭に挙げられている。そして（６）設計・建設における環境配慮の模範となる施設であること、が示されている。最後に（９）伝統文化又は過去の文明の痕跡を有する施設であること、も挙げられている。伝統文化を示す景観を示すことも重要なポイントであることが分かる。

創始者が明示される農業用水

全国の農業用水の創設とその後の歴史を調べると、農業用水の創設者を顕彰し、用水施設の保全、活用に努めている農業用水が数多くあることが分かる（農業土木会　１９９９）。**表１**において、安積用水（福島県郡山市）、五郎兵衛用水（長野県佐久市）、深良用水（静岡県裾野市）、阿多野用水（静岡県駿東郡小山町）、枝下用水（愛知県豊田市）、曾代用水（岐阜県関市）、立梅用水（三重県多気郡多気町）、七ヶ用水（石川県白山市）の８つ事例を取り上げ、ここではその中でも農業用水がどのように創設され、地域住民がその保全に努めてきたのかを見た。なお、阿多野用水と枝下用水はかんがい遺産に未登録である。

5	6	7	8
枝下用水	曾代用水	立梅用水	七ケ用水
愛知県豊田市	岐阜県関市	三重県多気郡多気町、松阪市	石川県白山市
西澤真蔵	喜田吉右衛門	西村彦左衛門	枝権兵衛
明治 23（1890）年	寛文 12（1672）年	文政 6（1823）年	明治 2（1869）年
枝下用水は、トヨタ自動車の本社がある豊田市域を中心に2200haを潤しており、矢作川の中流より取水する農業用水である。受益地である越戸や上郷・高岡などの地区では、矢作川や逢妻女川などの川よりも高い台地にあるため水不足に悩まされた。明治 10（1877）年、旱魃に悩む農民たちの手により測量が始められ、明治 17（1884）年には西枝下村から開削された。明治 20（1887）年から滋賀県の実業家西澤真蔵らによる大規模な延長工事が行われ、明治 23 年に本流と東用水、明治 25 年に中用水、明治 27 年には西用水が通水した。本流区間約 12km は山の中腹を流れており、治水にも大きな役割を果たしている。	曾代用水は、寛文 9（1669）年に喜田吉右衛門、弟の林幽閑、美濃の曾代の旧家柴山伊兵衛の三人が中心となって開削された農業用水である。取水口は、美濃市曾代地先の長良川左岸に設けられた。用水の受益区域は、長良川左岸の美濃市と関市の穀倉地帯の 1095ha に及ぶ。寛文 7（1667）年起工し、上有知村の立ヶ岩開削工事から着手し、曾代村の取水口から小簗村（現・関市小簗）若栗の放水口まで水路 13km を 2 年 8 ヶ月かけて掘りぬいた。完成した後も水害による損壊がしばしば起り、その復旧維持に三人が私財を使い果たした。三偉人として三人は曾代の井神社に祀られている。	櫛田川は河床深く、三重県多気郡多気町では大きく屈曲しながら東へ向かい、松阪市に入って東の伊勢湾へ流れ込んでいる。その途中、波多瀬川、片野川、朝柄川、丹生川などの支流が小さな扇状地を作りながら合流して、その扇状地に耕地を形成している。水田を営むには河床が低い櫛田川から取水するしかない。丹生川沿いの丹生村は、江戸時代後期まで、農業用水に恵まれていなかった。丹生村の紀州藩地士西村彦左衛門為秋は、大規模な農業用水路の建設を計画し、流路となる 5 ヵ村の建設嘆願書をまとめ紀州藩へ差し出した。再三の請願活動が実を結び、10 年後の文政 6（1823）年に開削された。隧道が 3 ヵ所あり、その労苦は「岩一升・米一生」という言葉で現在も語り継がれている。西村彦左衛門の命日には毎年現在でも追悼行事が行われる。	手取川七ヶ用水は、石川県金沢市の南に位置する。日本において代表的な扇状地の右岸地帯を潤す疏水である。古くは加賀百万石の米どころとして、現在も石川県下最大の穀倉地帯として約 5000ha の水田を潤している。古来より暴れ川とよばれた手取川の本流・分流などを利用してできた富樫、郷、中村、山島、大慶寺、中島、新砂川の七つの用水は、「七ヶ用水」とよばれるようになった。幕末期、富樫用水の肝煎で、商人であった枝権兵衛は、灌漑用水に苦しむ農民たちのため、私財を投げうって用水敷設の難工事を完遂した。明治 2 年通水。

表1　創設者が明示される農業用水一覧

No	1	2	3	4
用水名	安積疏水	五郎兵衛用水	深良用水	阿多野用水
所在地	福島県郡山市	長野県佐久市	静岡県裾野市	静岡県駿東郡小山町
創始者	ファン・ドールン	市川五郎兵衛	友野与右衛門 大庭源之丞	池谷市左衛門 喜多善左衛門
創設年	明治14（1881）年	寛永7（1630）年	寛文10（1670）年	寛文12（1672）年
用水の歴史等	安積原野は阿武隈川の支流である藤田川、逢瀬川、多田野川の流域で、水不足のため稲作に不向きな地域である。年間降水量が1200mmに満たないく、水田を開く事が出来なかった。1872（明治5）年、政府の招きで長工師（技師長）として来日したオランダ人ファン・ドールンは、近代日本の黎明期に、河川・港湾をはじめ農業土木、とりわけ水利の技術育成と事業発展に貢献し、日本を愛し尊敬された代表的なお雇い外国人である。士族授産策の一つとして政府が取り組んだ、大プロジェクトの安積疏水の開削計画は、ドールンの指導により完成した。彼は灌漑技術に数理を導入し、わが国の土木工学発展の礎となった。日本海に流れる小苗代湖の水を東流させて導水した。沼上隧道建設や十六橋改築工事など、西欧の農業土木技術と情報公開により地元の理解を得ながら進められた。1881（明治14）年通水式、翌年竣工式を行うことができた。	五郎兵衛用水は、現在の佐久市浅科の不毛の原野を水田開発するために、寛永7（1630）年に市川五郎兵衛実親が、その生涯と私財を投じて築いた農業用水である。全長およそ22kmのこの水路は、当時の高度な農業土木技術によって造られた。蓼科山の湧き水を水源とし、細小路川と湯沢川の合流地点で取水し鹿曲川の東側の断崖に水路を切り込み、片倉山に隧道を掘り抜き、布施の谷に導水した。更に布施川を掛樋で渡し、百沢、八幡、矢島と山裾を回り、矢島山を隧道で掘り抜き、九ヶ村を経て、上原の台地に用水を引いた。村人は百回忌に当たる明和元（1764）年に実親霊神を祀った。	黄瀬川の左岸、深良村は水田は営めない水不足の台地が広がっていた。深良村の名主・大庭源之丞が幕府と小田原藩の許可の下、箱根権現の別当快長の理解と江戸浅草商人・友野与右衛門の協力を得て、寛文6（1666）年より芦ノ湖から隧道を掘削して、黄瀬川水系に導水しようとした。寛文10（1679）年に全長1280mの隧道を貫通させることができ、その両側からの掘削の出会いは1m程の誤差であったことが人口に膾炙されている。現在、深良側の出口に大庭源之丞と友野与右衛門の功績を称えた「深良用水300年記念碑」が建っている。	富士山の東北東山麓に阿多野原という荒れ野があった。須川と佐野川に挟まれた高台で水も引けずにアラノになっていたので、以前からアダノとよばれていた。湯船村の名主池谷市左衛門は隧道を掘って須川の上流から水を引きこの地を潤そうとした。江戸に出た市左衛門は江戸材木町喜多善左衛門に出会い、寛文8（1668）年に農業用水の開削を始めた。水源は大御神の布引滝の下に、大御神堤とよばれる突堤を築き、溜池を設けた。寛文12年ここより、サイホン、掛樋などの農業土木の技術を用い、阿多野の台地に水を引くことができた。昭和4（1929）年阿多野にある天神社の境内に市左衛門、善左衛門を水神として祀り、石碑を建立した。

三　寺谷用水と地域社会

天竜川下流域の農業用水

ここで、天竜川下流域の遠州平野の水利かんがいの歴史を見ることで、寺谷用水が果たしてきた中核的な役割を理解し、地域との関係を確認していく。現在、世界かんがい施設遺産には登録されていないが、それに相応しい価値を持つかどうかの検証作業が行われている。これより、その歴史的、土木技術史的価値、景観保全の大切さが住民にも理解されつつあると思われる。

天竜川が作り出した遠州平野において、天竜川左岸を16世紀末に潤した農業用水が寺谷用水である。天竜川下流域である遠州平野では、天竜川からの利水により水田が広大に切り開かれていき、そこに集落が水田稲作農耕という生業を積み重ねていく上で形成されていった。これがこの遠州平野の景観の基層である。その基層の上に、人々は人工物を築造していき、土地を改変し、現在我々の眼前に展開する景観が作り出されてきた。

現在天竜川下流域の遠州平野において農業用水は寺谷用水のほか、右岸側に三方原用水、浜名用水があり、左岸側に、寺谷用水の東に磐田原用水が、さらにその東に磐田用水東部水系がある。おのおの農業用水の創設年を挙げると、寺谷用水が天正18（１５９０）年、磐田用水東部水系が昭和19（１９４４）年、浜名用水が昭和22（１９４７）年、三方原用水が昭和40（１９６５）年、磐田原用水が昭和57（１９８２）年である。寺谷用水が近世、近代を通じてこの天竜川下流域において中心的、唯一の農業用水として機能した。そして寺谷用水から発展的に天竜川下流域の水利ネットワークが構築された。

寺谷用水の歴史

天竜川左岸の水田を天竜川の水で潤すため、天正16（1588）年に開削された農業用水路である。創設当時は、寺谷村（現在の磐田市寺谷）に取水口を持ち、浜部村（現在の磐田市浜部）までの3里（約12キロメートル）間を、深さ6尺2寸（約1・8メートル）幅2間2尺（約4メートル）の大井堀を切り開いて導水した。この用水によって直接利益を受けた村は73ヶ村に及んだ。明治23（1890）年の調査よれば、計1668町3反1畝9歩（約1668ヘクタール）に及び、江戸時代の石高で2万石の収穫をもたらしたと推計されている（寺谷用水組合　1924）。徳川家康の家臣平野重定が、家康から天竜川左岸域の治水と利水の整備を命じられた伊奈備前守忠次と諮って、用水路開削事業に着手したと伝えられる。現在、寺谷用水土地改良区が、寺谷用水の水管理システムを管理している。

現在では、遠州平野部の天竜川左岸の水田地帯は、寺谷用水の水をパイプラインで各々の水田に導いているところが多く、田植え時期になると、このパイプラインの末端のバルブを捻ると、まるで水道の蛇口を捻るように、欲しいだけの水が水田一面に行き渡る。天竜川下流左岸の水田域では、確かに寺谷用水からの取水口を大きく確保しようと上流の集落と下流の集落との間で角逐が起ったりしてきたことはあったが、基本的にはこの水田域においては、幸いなことに恵まれた用水が確保されてきた。

この用水の創設者として現在でも地元に人びとに尊崇されているのが平野重定である。毎年、磐田市加茂の大円寺の平野重定墓所では8月9日、平野重定公墓前供養として加茂大念仏保存会による大念仏回向が行われている。現在、回向する大念仏保存会の者は、農業従事者もいるが圧倒的にサラリーマンが占めているが、加茂では寺谷用水を開鑿した恩人として平野重定を供養することを集落あげて、大円寺をあげて行い、伝承してきた。

寺谷用水と地域社会

寺谷用水の幹線のことをこの地域では大井堀（現在でも「オイボ」とよんでいる。）と言い、その大井堀により用水の恩恵を浴する地帯を「井通り」ともよぶ。寺谷用水の灌漑区域は旧寺谷村以南の天竜川左岸の豊田郡全体と山名郡の一部であり、73ヶ村に及んでいた。これらの村々は井組（用水組合）を組織して用水を管理した。寺谷用水井組の管理総責任者は用水御掛りとよばれ、代官を勤めることになる平野三郎右衛門重定や掛川城主小笠原壱岐守、そして中泉代官大草太郎左衛門であり、大草太郎左衛門以後は幕末まで中泉代官が管理に当たった。

73ヶ村の内、匂坂上村、匂坂中村、匂坂西村、匂坂新村など59ヶ村が年番物頭（役員）勤務に当たった。59ヶ村を14組に分けて各組より物頭一人ずつを選出した。物頭は寛政3（1791）年までは14人であった。物頭は寺谷用水の一切の事務を処理し、年番制であった。物頭の中から2・3人の用水惣代を決め対外的な代表者とした。用水御掛りへの重要な嘆願書などを書くときは、惣代、物頭が署名した。用水受益地の村々は約定書である『議定書』という村々で守るルールを作成し、それに基づいて用水の維持・管理に努めた。これらの村々は寺谷用水管理の機会に地域がまとまっていったことが分かる。このように寺谷用水を介して人びとの連帯が生まれ、地域の歴史文化の保存伝承、水田景観の保全にまで繋がってきたことが窺える。

今後の農業における景観と用水施設

日本では「文化的景観」への選定の制度が２００４年の文化財保護法の改正により、景観保全の取り組みとして導入された。そして見てきたとおり、文化的景観はまず「農林水産業に関連する」景観の調査研究が進められ、「地域における人々の生活又は生業及び当該地域の風土により形成された景観地」を、そしてそれらは「国民の生活又は生業の理解のため欠くことのできないもの」として選定されてきた。その重要地域には「水田景観」「畑地景観」「草地景観」「水路景観」など生活、生業の中でも農業における景観が強調され、その景観の特質を把握する試みが繰り返された。この調査研究は、伝統的産業及び生活、地域性を把握すること、そしてその景観が保持されている地域の特質を把握すること、として進められてきた。

この「文化的景観」の選定という作業を通じて、特に農業の領域においては景観保全への地域における調査が進み、その特質の把握がなされ、それが選定、そして保全への動きになってきた。

また、この景観、環境の具体的な構成要素である農業の施設としてかんがいに着目し、その施設の保全、活用へ展開していった取り組みが「世界かんがい施設遺産」登録への動きであった。農業用水の価値を歴史的に確認し、その保全、活用に向けた取り組みが全国で展開されてきた。本稿では静岡県磐田市の寺谷用水を取り上げ、天竜川下流域で中心的なかんがいの役割を果たしてきた歴史を見た。ここには天竜川下流域左岸の地域性がよく読み取れる。

今後、農業に関する景観保全を考えたとき、その景観を「文化的景観」としてどのように捉えるのか、そしてその構成要素である農業用水などの施設をどのように歴史的に地域の中で捉えていくのかを積み重ねていくことが重要であろうと考える。

引用・参考文献

鬼頭秀一　1996『自然保護を問いなおす』筑摩書房
静岡県土地改良史編さん委員会　1999『静岡県土地改良史』
寺谷用水組合　1924『寺谷用水誌』
中山正典　2013『富士山は里山である』農文協
農業土木会　1999『水土を拓いた人びと』農文協
農林水産省――世界かんがい施設遺産　http://www.maff.go.jp/j/nousin/kaigai/ICID/his/his.html（2021・7・10）
文化庁文化財部記念物課監修　2005a『日本の文化的景観』同成社
文化庁文化財部記念物課監修　2005b『農林水産業に関連する文化的景観の保護に関する調査研究報告書』
柳田国男　1940『豆の葉と太陽』（『定本柳田國男集』1968　第13巻所収　筑摩書房）

第十一章　農福連携による農山村地域の活性化

太田　智・菊池　宏之

一　これからの農山村地域のリーダーに求められるもの

大学の教育目標

皆さんは、ご自身の出身校、もしくは志望校の教育目標をご存知だろうか。恥ずかしながら、筆者（太田）は、出身校の教育目標を意識したことがなかった。しかし今、２０２０年度春に教員となった筆者にとって、教育目標は間違いなく大きな指針となった。本学の教育目標を読むと、大学は「農林業経営のプロフェッショナルの養成」と「将来の農山村地域社会のリーダーの養成」、短大は「農林業生産現場のリーダーの養成」と「農山村の地域社会を支えていく生産者の養成」と書かれている。大学と短大の1つ目に書かれている目標は、ともに農林業の現場で活躍することを示しており、本学が農林業系の専門職大学であることと合致している。したがって、本学の特徴と考えられるのは、両者の2つ目になる。詳細を読むと、「自らが農林業を営む農山村の自然環境や景観の保全、伝統・文化の継承などについて学び、農山村の地域社会における将来のリーダーとしてそれらを守り育んでいくことができる人材を育てます。」とある（短大もほぼ同じ内容）。ここから、農山村地域のリーダーが守り育むべきものとして、「自然環境や景観」と「伝統・文化」という2つのキーワードを抽出できる。

教育目標のキーワード

「自然環境や景観」という言葉からは、今日の世界的課題である「環境問題」を強く意識させられる。世間一般では、地球温暖化が最も関心が高い。本学が位置する静岡県内でも、リニア中央新幹線、サクラエビの不漁、熱海市の盛土などの問題が表面化している。それらの問題や近年の極端な気象は、人類が早急に目先の利益追求から脱却し、自然保護を選ぶべきことを物語っている。農林業が行われる地域には、都会と比較して多くの自然が残る。農薬や肥料による環境や人体への負荷が指摘される場面もあるが、里山には大気・水質浄化、水源涵養（天然のダム の働き）、土砂流出防止などの多面的機能もある。本学の教育目標に戻れば、自然環境や景観の大切さを理解し、地域の自然を守っていける人材を育成するということになる。

一方、「伝統・文化」という言葉から連想できることは幅広い。本学の教育目標が具体的に何を指しているのか学長と話したところ、地域を理解しそこに住む人々と〝調和〟することが伝統・文化を守ることに繋がるとのことであった。そのためには、地域の人々と助け合い、良い人間関係を築くことが基本となるだろう。確かに、繁忙期の協力体制、農業機械の共有、水資源等の持続的管理などの相互扶助の仕組みは、農業生産を力強く支えてきた。近年、日本でも子供の7人に1人が貧困と言われるほど格差が広がっている。格差が目立つ国や地域では、犯罪が増加する傾向があるなど〝調和〟が難しい。したがって、やや踏み込んで言えば、やはり世界的課題である「格差問題」にも目を向けるべきだろう。本学の教育目標に戻れば、相互扶助の精神に基づき地域の人々と調和し、伝統・文化を継承していける人材を育成するということになる。

教育目標達成のために

以上のことから、本学の学生には、人類が避けて通れない重要かつ喫緊の課題である「環境問題」と「格差問題」に対し、課題解決力を養ってほしいという大きな期待が懸けられていることがわかる。言い換えれば、単に利益を追求するのではなく、社会問題の解決に貢献できる経営者を目指しているのである。本学の教育目標が農山村地域を対象としていることからすれば、市民の側から世の中を変革する「草の根運動」とも言える。それでは、社会問題に関心をもつには、何が必要だろうか。筆者は、先述の相互扶助の精神だと思う。人類が将来も住みやすい環境で生きていけるように、貧困に苦しむ人が減るようになどと願う他者への優しさが、社会問題への関心を高める。そこで、筆者が教育目標達成のための方策として注目しているのが、「農福連携」である。農福連携とは、農山村地域の主産業を担う農業生産者と、障がい者や高齢者などの福祉政策の対象となる人々とを結びつける取組である。農業にとって経済的なメリットがあるものだが、根底には相互扶助の精神も必要と考えられるため、農福連携について学ぶことは、教育目標達成に役立つと期待できる。本章では、農福連携をテーマとし、農福連携による農山村地域活性化の仕組みや、本学が果たし得る役割について紹介する。

二　農福連携とは

農業分野の課題

農業分野では、産地の過疎化や高齢化を背景とし、労働力不足が問題となっている。高齢化は明らかで、２０２０年の基幹的農業従事者の平均年齢は68歳と高く、65歳以上の割合が70％に達している（農林水産省：農林業センサス）。このため、後継者のいない生産者が農業をやめるケースが急増している。基幹的農業従事者数（個人経営体）は１３６万人で、２０１５年からの５年間で23％減少した。また、新規就農者数も、ここ10年増加する傾向が認められない。

福祉分野の課題

福祉分野では、障がい者の作業能力に対する理解不足が一因となって、雇用確保や賃金向上が課題となっている。働くことが困難な者がいることを考慮しても、障がい者の就労率32％は（厚生労働省：２０１１年度、障害者の就業実態把握のための調査報告書）、日本全体の就業率57％（総務省統計局：労働力調査）と比べてかなり低い。そのため、一般就労でなく福祉的就労に当たる就労継続支援Ａ型事業所や就労継続支援Ｂ型事業所を利用する者が多いが、それぞれの月額平均賃金／工賃は７万６８８８円および１万６１１８円であり（厚生労働省：平成30年度工賃（賃金）の実績について）、障害基礎年金や各種手当等を加えても10万円に届かない人が多いと言われる。

農業と福祉の連携

以上に示したように、人材確保が課題の農業分野と、雇用確保が課題の福祉分野とが連携して、互いにメリットのある関係を築くのが農福連携である。農山村地域では古くから、高齢者や障がい者なども家族や地域の一員として農作業に従事してきた。また、社会福祉法人等では、障がい者や高齢者が農業に取組んできた事例も存在した。一方、農福連携として注目され始めたのは2000年以降で、2008年のリーマンショックにより農業、福祉とも逆境に立たされことが要因とされる。こうした状況の中、2017年には、農林水産省と厚生労働省とが後援となり「全国農福連携推進協議会」が設立された。2019年には、内閣官房長官を議長とする省庁横断の農福連携等推進会議が開催され、第2回会議では「農福連携等推進ビジョン」が取りまとめられた。また、同年、障がい者が携わったと認められた農産物や加工品に与えられる「ノウフクＪＡＳ」の規格が新設された。静岡県内でも、浜松市ユニバーサル農業研究会（2005年発足）、農福連携ワンストップ窓口（2020年開設）、農福連携技術支援者育成研修（2020年度開催）等の取組があり、農福連携の機運が高まっている。

三　専門職大学における農福連携の教育・研究

本学には、「農福連携推進研究室（果樹）」と名乗る研究室がある。筆者の研究室だ。開学初年度から、実習版インクルーシブ教育を実施した。インクルーシブ教育とは、共生社会の実現を目的に、障がいの有無に関わらず共に学ぶことをいう。近隣の就労継続支援事業所を利用する障がい者4名に、学生（14名）と協力して、みかんの収穫をしていただいた（**図1**）。実習後のアンケートでは、約60％の学生が初めて障がい者と共に学ぶ経験ができ、約85％の学生が将来経営者等の立場に立った際には障がい者を雇用してみたいと答えた。今後は、このような教育の充実を図ることで、相互扶助の精神をもつリーダーの育成に貢献したい。

研究面では、農業分野からのアプローチとして、障がい者に、カンキツの栽培管理作業をお願いし、作業の様子を観察するとともに、時間の計測をした。その結果、作業によっては、本学の学生と同等の結果を残すことができた。作業経験のある障がい者の場合、作業経験の少ない学生より優れた結果を残す場面もあった。このようなデータを積み重ね、情報として示すことで、生産者が農福連携を検討する動機づけになると期待している。

図1　学生と障がい者がみかんを収穫する様子

四　農福連携がもつ可能性

農業分野の発展

先述の通り、農福連携が普及すれば農業分野において人材不足の解消が期待できる。詳しくは五節以降で紹介するが、作業を細分化すれば、障がい者や高齢者にもできる作業が多くある。農福連携により、職場の人間関係が円滑となり、作業が効率化したという報告もある。また、社員に任せられる仕事が増え、経営者が経営に専念できたという報告もある。つまり、農福連携は非常に有効な経営戦略になり得るということである。

社会貢献と期待される波及効果

一方で、農福連携が相互扶助の精神を醸成することも期待できる。確かに、農福連携はボランティアではなく、労働とそれに見合う対価という契約関係である。しかしながら、やはり地域のリーダーには相互扶助の精神が必要であるし、そのような者でなければ障がい者からの協力も得られないと思う。障がい者を特別視するのは間違えという考えが一般的になってきたが、ある点（この場合、雇用や賃金）において、課題を抱えている人がいれば手を差し伸べる優しさも世の中に必要であろう。農福連携は障がい者との相互理解に繋がるため、共生社会実現への一助になり得る。

筆者は、「環境問題」や「格差問題」に対する解決への道筋は、自然環境の恩恵を多く受け、相互扶助の精神が強く残る農山村地域だからこそ見出しやすいと考える。なぜなら、本学の教育目標が農山村地域を対象としていることは、先述の通り「草の根運動」と似ているからである。他大学の農学系学部の教育目標を拝見すると、「社会貢献」、「自然保護」、「持続可能な開発」などいった言葉は多くみられるが、「国際社会」、「人類」といったスケールの大きな言葉が目立つ。一方で、「農山村」という言葉を用いた本学の教育目標は、より身近な場所で確実に成果を挙げることを目指している。学生には、本学での教育を通して相互扶助の精神を身につけ、卒業後は社会問題にも関心を持ち、農福連携の実践を通して地域の「自然環境や景観」や「伝統・文化」を守り育んでいくことを期待する。

五　農福連携化を契機とした農業経営革新

我が国では、福祉施設等が農業を手伝う取組は古くから存在していたが、「農福連携」と表現される契機は、吉田（２０２０）が研究対象とした２００７年頃からの様である。その後、それら諸活動が拡張され、「ニッポン一億総活躍プラン」（２０１６年閣議決定）で障がい者や高齢者が最大限活躍できる環境整備の一環として「農福連携」が盛り込まれ、全国的に拡張してきた。

農福連携については、農林水産省（以下、農水省）の「農福連携の取組方針と目指す方向」に、（１）農業生産における障がい者等の活躍の場の拡大（２）農産物等の付加価値の向上（３）農業を通じた障がい者の自立支援が明記されているので、農福連携に取組む背景を整理する。まず、農業・農村の課題は「農業労働力の確保及び荒廃農地の解消等」で、農業・農村のメリットは、「農業労働力の確保、農地の維持・拡大、荒廃農地の防止、地域コミュニティの維持など」とされている。一方、福祉の課題は

「障がい者の就労先の確保と工賃の引き上げ等」が指摘されており、「障がい者の雇用の場の確保、賃金向上、生きがい、リハビリ、一般就労のための訓練等」が指摘されている。

　次に、農水省「農福連携の推進について」において農福連携取組の評価は、農福連携に取組む農業経営体の76％が「障がい者を受け入れ貴重な人材となった」と認識し、57％が「労働力確保で営業などの時間が増加」と認識している。くわえて、78％が5年前と比較し年間売上が増加したと回答している。これに対して、障がい者就労施設の、79％が「利用者が、体力がついて長時間働けるようになった」、62％が「利用者の表情が明るくなった」とし、74％が過去5年間の賃金が増加したと回答している。

六　農福連携推進による生産性向上体制の整備

　農林水産省推奨の「農業生産工程管理」（Good Agricultural Practices（以下、ＧＡＰ））で、「農産物を作る際に適正な手順やモノの管理を行い、食品安全や労働安全、環境保全等を確保する取組」とある。ＧＡＰは、農業生産工程管理であり、生産管理向上、効率性向上、農業者自身や従業員の経営意識の向上に効果がある。ひいては、農業人材の育成、我が国農業の競争力強化に有効であるとの指摘がある。ここで、ＧＡＰの認証数を農林水産省の都道府県別の「ＧＡＰ認証取得経営体数」で確認すると、令和2年3月末時点で６６９４（ＡＳＩＡＧＡＰが２３７９、ＪＧＡＰが４３１５）経営体である。わが国の農業経営体数は、１０７万６０００経営体（内個人経営体は１０３７経営体（「２０２０年農林業センサス」より）であり、生産工程管理の取組であるＧＡＰ認証経営体の割合が低いことが確認できる。

農業経営体の生産工程管理は、ＧＡＰ認証経営体のみの実施とは言えないが、農業生産の業務内容分解により業務単純化・標準化等、生産性向上展開では当然の取組が進展していないのが実態と理解できる。農業生産業務もシステム化が生産性向上に貢献するものの、多くは農業従事者の経験と勘に依存し、経営者の暗黙知を前提に業務推進を図り、新規農業就労者数の増加を図ることの困難度は高い。

農福連携展開で、福祉分野は農業経験がほぼ無い状況にあり、自発的に業務を担う困難度が高い。そのため、従来農業従事者にとって当然であった業務に関して、熟練度がゼロとの前提での業務指示が必要になる。それらの前提で業務を委託するには業務を一定以上の成果が得られるように平準化し、何れの人間が担当しても標準的な成果を得られる様に、業務の細分化が必要になる。

経営組織体として、事業環境の変化に対応できないと、否応なしに市場から退出せざるを得ないと、『両利きの経営』（オライリー・タッシュマン　２０１９）で指摘されている。それは、「環境変化が激しい中でも、組織体が恒常的に変化し、対応し続ける能力」である。両利きの経営では、企業活動には「知の深化」と「知の探索」の程よいバランスの必要性と指摘されている。両利きの経営を『世界標準の経営理論』（入山　２０２０）で確認すると、前者の知の深化は、「高い収益の見込まれる技術や商品を継続的に深堀りして洗練させることで、「技術を磨く、今までやってきたことを極める」ということを指し、あるものを深めていくということ」。それにより「企業は安定して、質の高い製品・サービスを出し、社会的な信用を得て収益化を果たせる」。後者の知の探索は、「人・組織が新しい知を生み出すために必要なことは「自分の現在の認知の範囲外にある知を探索し、それを今自分の持っている知と新しく組み合わせること」と言う。それには、「なるべく自身・自社の既存の知の範囲を超えて、遠くに認知を広げていこうという行為が「探索」である。探索により認知の範囲が広がりやがて新しいアイデアに繋がる。しかし、一方で探索は成果の不確実性が高く、その割にコストがかかることも特徴」という。

企業は「コストとリスクを伴う上に成果が不確実な「探索」より、社会的な信頼を確保できる「深化」に向かうのは企業の必然」との指摘がある。それは、一度成功して「自分たちのやっていることは正しいと認識すると、自らが認知する世界に疑念を持たなくなり、そこから抜け出せない。」そのことは、「成功している企業ほど知の深化に偏り、結局はイノベーションが起こらなくなる」との指摘である。

ここで農業経営体の状況を考えると、通常は経営主が自らの経験を前提に、ほぼすべての業務を担い、従来の生産技術を磨き生産レベル向上に努めている。これは、経営主が健在で既存農産物の需要継続時には有効であり安定収益確保が可能であり、知の深化の成果と言える。しかし、経営主も老齢化し、後継者への生産技術継承も経営主からの直接伝授であり、日常業務の殆どを担うことで忙殺され、新たな栽培方法、市場変化に伴う需要傾向や、経営環境変化への対応策等を検討する時間確保が困難な状況であると理解できる。言い換えれば、物理的な面から見ても知の探索が困難な状況にあると理解できる。

それらを考えると、農福連携推進による業務細分化で務熟練度別に担当者の割り付け等をすることで、経営主から業務の一定程度を解放出来れば、知の深化に費やす時間確保が可能になる。さらに、そこで経営体として持続的な事業環境の変化に対応して、市場での地位を確保し持続的に取組むことをも可能にする、知の探索への端緒を得る物理的時間確保が可能になり得るのが農福連携化であると理解できる。

七　農福連携展開の先行事例にみる経営革新

農福連携化の先進的取組経営体で、如何に展開し経営革新を図ったかを、両利きの経営を前提とした経営戦略の枠組みで、京丸園株式会社（静岡県浜松市。以下、京丸園とする）を対象とする。なお、事例分析は、同社鈴木厚志社長へのヒアリング調査に加え、中本・澤野（２０１９）、農林水産政策研究所セミナー（平成21年12月９日開催）の鈴木厚志氏の講演録、季刊『コトノネ13号』、青山（２０２０）、未来開墾ビジネスＦａｒｍ　ＨＰ等を参照している。また、鈴木厚志氏には、本論に関して丁寧な確認を頂き、掲載に当たりご快諾を頂戴しましたことに、衷心よりお礼を申し上げます。

京丸園の主力品目は水耕栽培によるミニサイズの野菜、「京丸姫ねぎ」、「京丸姫みつば」、「京丸ミニちんげん」等の自社ブランドで、地元ＪＡ経由で、全国に出荷している。現鈴木厚志代表で13代目であり、早い段階から農福連携化の推進を図っており、それら取組が障害者関係功労者内閣総理大臣賞（２００７年）、第48回日本農業大賞（２０１９年）、第58回農林水産祭天皇杯受賞（２０１９年）など多数の顕彰を得ている。さらに、作業推進し易い独自開発の産品である、ミニちんげん、姫ねぎ等が同社ブランドとして静岡食セレクションの認定を受けている。以下、同社の農福連携化の取組を整理する。

同社は、１９９０年代から生産規模の拡大化に対応し、１９９６年から毎年一人障がい者を採用し、現在は１００名が働き、内25名が障がい者である。加えて企業等からの受入れを含めると38名が障がい者であるが、当初から障がい者雇用を意図したわけではなく、当初の応募は断っていた。しかし、障がい者の就労条件や既存の主就労先である工業部門での就労機会の減少などの状況が判ることや、障がい者の親御さんからの依頼もあり、一週間の試し就労を行った。当初は、障がい者就労が従業員からの拒否反応や、生産性低下等の心配はあったが、それは杞憂に終わった。鈴木氏によると「その若者がいじめられたり、パートさんが嫌がったりすることは無く、むしろパートさん達が、彼らを支え、自分も含め皆が優しい気持ちになり農園の雰囲気も変わった。さらに、障がい者の参加が契機になり、皆が安心して働けることで業務効率がアップした」という。それらの変化もあり、同社は障がい者に就労機会を提供するボランティアでは無く、ビジネスパートナーとして迎い入れようとの認識に変化し、次の取組を図った。

京丸園における農福連携展開の取組

障がい者をビジネスパートナーとして迎え入れることで、今日における同社の農福連携化があると言える。それを可能にしたのは、従来の農業業務からの脱皮であると理解可能なので、鈴木氏からのヒアリング調査、鈴木氏の講演録及び青山（２０２０）を参照し、以下整理する。

まず、農業業務内容の細分化があり、鈴木は「農業には多様な業務があり、障がい者との親和性が高い」という。ただし、従来の農業のやり方そのままでは、親和性が発揮できないと考え、業務業を細分化し、「この部分なら障害を持つ人に適しているかもしれない」、「この仕事はむしろ障害を持つ人に向いている」と、業務内容に働き手を紐付けした。

次に、業務の細分化を前提に、作業内容の具体的指示の明確化である。例えば、生産現場では、「このトレイをきれいに洗ってください」、「たっぷり水やりをしてください」があるが、「きれい」、「たっぷり」は、個々人で異なり作業業務のバラッキが出る。そこで、「トレイを表と裏で3回ずつ洗ってください」、「水を3秒数えながらあげてください」と具体的に指示し、全社的に統一した。そのことで業務内容の統一性が図られ、野菜の均一生育度が高まり商品化率の向上に結び付いている。

最後に、企業との連携化の推進であり、特例子会社と連携し特例子会社が雇用する障がい者に、京丸園が業務を委託している。作業委託の連携では、同市内の他農業法人も委託している。中でも、季節性のある生産法人等は、季節による業務変動があるので、作業量に応じて特例子会社への業務委託が可能なので、農業法人に大きなメリットがある。

京丸園による障がい者雇用取組成果について中本・澤野（２０２０）が、作業担当と労働時間の変化に関する興味深い研究成果があるので、以下確認する。同研究成果は、１９９０年代後半頃（以下、１９９０年）と２０１９年5月時点で「ネギ生産の業務カテゴリー別にみる年間必要総労働時間と作業担当者の変化」を業務カテゴリーと年間総労働時間及び作業担当者別に実態調査による比較データである。そのデータを以下確認する。第一に、総労働時間は１９９０年と２０１９年で、８３０３時間から８８６２時間と約５００時間程度増加している。同時期のネギ生産量や販売額は開示されていないが、同社の売上高が数千万円から約4億円に増加していること、ネギが主産品であること等を考慮すると、生産量自体は大幅に増えていると推測できる。

第二に、業務カテゴリーは１９９０年と２０１９年で、25カテゴリーから29カテゴリーに増加している。そのカテゴリーと労働時間を確認すると、農薬散布が１００時間、出荷梱包が３７５時間、資材管理が１２５時間及び研究開発が２５０時間である。研究開発業務は、企業存続における当然の先行投資であるし、経営環境変化の大きさを考慮すると不可欠になる。

第三に、作業担当別年間総労働時間は１９９０年と２０１９年で、経営者が５１３９時間から２８６時間と激減し、役員が１５００時間から０時間、社員が４６９０時間から４３２３時間、パートが１万３７００時間から１万４０２３時間である。それに対して、障がい者が１８００時間から２万８５８時間（２０１９年は特例子会社および福祉施設を含む）と大幅に増加している。

八　農副連携化を契機とした農業経営革新に向けて

障がい者雇用により、業務内容細分化展開で作業内容を具体的な作業指示で、経営者や社員の業務担当時間の大幅削減を可能とした。知の深化として日常業務や合理化策の推進を主体とし、販売額が大幅に増加しても総労働時間の微増と、障がい者の就労時間の短縮化の展開で、生産性向上に貢献している。知の探索では、経営者の現場作業から解放度の拡張で、京丸姫シリーズとして、姫ねぎ、姫みつば、姫ちんげんやミニちんげん等の消費者や顧客の評価の高い生産品目の生産体制を構築している。

知の深化や、農業法人で物理的困難度が高い知の探索を可能とした背景には、現代表者の才覚が大きいが、それだけでは農業法人としての今日は考え難い。まさに、経営者を相対的に熟練度の低い業務からの大幅な開放により、本来経営者の行うべき業務時間の確保である。それらの物理的時間の確保の結果として、海外農業生産状況に関する定点調査の継続化や、国内の農福連携に関わる官民取組の先導的役割の遂行などを通じて、新たな農業生産法人としての知見の収集機会の確保と推進を可能としている。

本論では、経営環境が激変する中で、京丸園経営に不可欠な取組である知の深化と知の探索を、障がい者雇用を契機に実現化した取組を分析した。それを可能にした要因は多数あるが、経営者としての才覚を経営システムとして具現化できた主要因として、日常の生産業務の細分化を前提とし、業務熟練度に対応した業務遂行の割り当ての推進が、障がい者による業務推進や熟練度の向上を可能とした。加えてより一層効果的にしたのが、ＪＧＡＰ認証・継続の現場業務改善継続と理解できる。

つまり、日常業務の細分化による業務の単純化を図り、その業務内容の標準化と業務展開による、担当者の業務熟練度に対応した業務遂行の割り当てをすることが可能になった結果と考えられる。

これらを考えると、京丸園の事例分析から農福連携の推進は業務内容の細分化による業務熟練度別の担当者の割り付け等で、経営主を一定の業務量から解放できることが確認できた。さらにそれら業務熟練度に対応した業務分担により、知の深化を検討する時間を拡張できることに加え、経営体として経営環境が変化する中で、市場から退出すること無く持続的に取組むために、知の探索を可能とし得る物理的時間を確保する事が出来た。つまり、農福連携化が従来の農業経営体から他産業における経営体制へと革新する契機になる可能性が示唆されたと理解できる。

引用・参考文献

吉田行郷他編著　２０２０『農副連携が農業と地域をおもしろくする』コトノネ
中本英里・澤野久美　２０１９「ユニバーサル農業とＪＧＡＰ導入が障害者の職域拡大に与える影響」『農業経営研究第58巻3号』

農林水産政策研究所セミナー（平成21年12月9日開催）の鈴木厚志氏の講演録
チャールズ・A・オライリー、マイケル・L・タッシュマン著、入山章栄監訳・解説　２０１９『両利きの経営』東洋経済社
青山浩子　２０２０「京丸園が実践する〝ユニバーサル農業〟とは？　持続可能な農福連携のカギ」『AGRI JOURNAL』）
入山章栄　２０２０『世界標準の経営理論』（ダイヤモンド社）
季刊『コトノネ13号』

（本章は一～四節を太田智が、五～八節を菊池宏之が担当した）

コラム10　ＳＤＧｓと農業体験

ＳＤＧｓ（Sustainable Development Goals［持続可能な開発目標］）とは、２０１５年9月の国連サミットで採択された、２０３０年までに持続可能でよりよい世界を目指す国際目標である。17の目標・１６９のターゲットから構成され、地球上の「誰一人取り残さない」ことを誓っている。

ここでは、ＳＤＧｓと農業体験の関係について述べてみたい。

農業体験の一つに農業小学校がある。農業小学校とは、小学校という名称をつけているが、学校教育の取り組みではなく、参加者は消費者（主に親子）で、指導者は生産者が担うことが多い。運営主体は、生産者、行政、農業関連団体など多様で、２００７年時点で全国に31校（筆者調べ）を確認している。

授業は、春から秋までの長期にわたり農作業などの体験を行うため、収穫体験などの部分的な農業体験とは異なり、農作物の生長過程を継続的に観察でき、生命のサイクルを身近に感じることができる。また、収穫物を調理して食べることで、生産から消費までの一連の過程を学ぶことができる。他には、参加者が農村地域に継続的に通うことで農村の現状や課題の理解にもつながる。

この授業は、指導者と参加者が継続的に交流をしながら展開することから、指導者から参加者への一方通行的な指導による関係ではなく、お互いに学びあう相互学習の関係にあることが興味深い。

参加者は、農作業の体験を通じて化学肥料や農薬、天候と農作物の生育の関係などを学び、安全で安心な農産物とその価格の関係についても理解していく。

一方の指導者は、農業現場での農業体験や安全で安心な農産物に関心を持つ消費者が想像以上に多いことを学ぶ。この過程から、今まで化学肥料や農薬を多投し、効率化を追求してきた農業生産をふり返り反省することで、安全で安心できる農産物や環境に配慮した農業生産に改善していく。

この相互学習によって、安全で安心できる農産物の生産や環境に配慮した農業生産を行う生産者の育成と、その生産者が持続的に生産活動を行える価格で買い支える消費者の育成につながる。このように環境や人に十分な配慮がなされた農産物を選択して適正な価格で購入することをエシカル（倫理的な）消費と呼び、近年国内でも普及しつつある。

ＳＤＧｓの17の目標の中では、特に「つくる責任・つかう責任（目標12）」との関係が深い。

国内では、生涯を通じた心身の健康を支える食育（国民の健康の視点）と持続可能な食を支える食育の推進（社会・環境・文化の視点）をＳＤＧｓの観点から相互に連携して総合的に推進する第４次食育推進基本計画（令和３年３月）が作成された。

この目標の中では、農林漁業体験を経験した国民を増やす（約65パーセント［現状値：令和２年度、以下省略］→70パーセント以上［目標値：令和７年度、以下省略］）、産地や生産者を意識して農林水産物・食品を選ぶ国民を増やす（約73パーセント→80パーセント以上）、環境に配慮した農林水産物・食品を選ぶ国民を増やす（約67パーセント→75パーセント以上）などが掲げられている。

このような背景からも、今後、農業体験の取組みが増加していくことに期待する。理想は、農業小学校のような継続的な取り組みであるが、まずは、収穫体験など部分的に取り組む生産者の確保を行い、継続的な取り組みへの機運を高めていくことが求められている。

（吉村　親）

第十二章　専門職大学における研究と国際交流について

佐藤　展之

一　専門職大学に求められる研究

大学における研究について学校教育法第52条には、「大学は、学術の中心として、広く知識を授けるとともに、深く専門の学芸を教授研究し、知的、道徳的及び応用的能力を展開させることを目的とする。」と示されている。

一方、文部科学省が示す専門職大学に期待される研究は、「職業・社会における「実践の理論」を重視した研究を志向するものであり、学術上の探求そのものに自己目的化した研究を目指すことが主目的でないことに留意が必要である。」（「個人の能力と可能性を開花させ、全員参加による課題解決社会を実現するための教育の多様化と質保証の在り方について（答申）」H28・5・30中央教育審議会）としており、専門職大学に求められる研究は、「実践の理論」が重視されている。本章では、本学においてどのようにして「実践の理論」を重視した研究を推進しているのかを以下に述べていく。

専任教員の研究分野

本学の生産環境経営学部には24名、短期大学部には20名の専任教員がいる。教員の研究分野は農業、林業、畜産の主に生産に関わる分野に加えて、生命科学、農業経営、マーケティング、食品加工、農山村文化、農林業史など農林業を取り巻く幅広い分野の研究者がいる。小さな大学ではあるが、それゆえ教員間のコミュニケーションも取りやすく、農林業に関する幅広い視点からの研究も開けてくると思われる。

本学の卒業生が将来農林業を実践する場合も、ただ単に栽培技術や肥育方法を習得するだけでなく、経営分野の知識や、付加価値をつけるための食品加工の知識、ＧＡＰの取り組みなどが必要となる。本学は農林業に関与する幅広い分野の教員で構成されているため、学生は専門分野を集中的に学ぶと同時に、農林業の幅広い分野で実践に役立つ知識や技術も習得することができ、将来農林業に従事した場合でも、応用力を発揮できる。

文部科学省は専門職大学を新たに設置する基準の一つとして、４割以上は実務家教員とすることをあげている。実務家教員とは、「専攻分野におけるおおむね5年以上の実務の経験を有し、かつ、高度の実務の能力を有する者」であり、本学では主に国立研究開発法人や県の試験研究機関等の職員として、実績を上げた教員が実務家教員として認定されている。

分野別の研究概要

現在在籍する教員が、どのような研究を行ってきたか、また行おうとしているかについて、その一部を以下に紹介する。

作物を栽培するときに、どの品種を栽培するのかは大変重要である。地域に適し、消費者からも好まれる作物の品種を育成する育種技術は、農家を支える技術として重要である。本学ではイチゴ「紅ほっぺ」の育成者や、30種類以上のマーガレット新品種を育種した教員など、実際に育種を経験した教員を配置しており、講義だけでなく実際に教員が経験してきた育種のノウハウを、学生は学ぶことができる。作物の育種以外では、野菜や果樹の病害虫防除管理の専門家や施設園芸栽培研究の経験者など、栽培を取り巻く広い分野の専門家が揃っている。

林業関係の教員の研究実績としては、森林の根圏を利用した砂防技術開発や、精英樹・花粉症対策のための樹木の育種、無人ヘリなどを利用した樹種調査、木質科学など広い研究分野に渡っている。また、高山植物の保護、野生獣害対策などは、農林環境専門職大学という本学の名称にも含まれる、環境問題に深く関わる研究も多い。木材生産から加工、環境保護と林業に関わる広い分野において研究を行えることが、本学の特徴でもある。

畜産関係では、家畜の飼育および栄養管理に加えて、家畜病理など獣医師の資格を持つ3名の教員も在籍している。また、農林業に深刻な被害を与えているシカやイノシシの対策として、特にシカの資源的活用を研究の中心としている教員もいる。

農林業に関連する分野として、農業経営に関する知識と簿記などの技能、農林産物を効率的に販売するためのマーケティング技術、6次産業のための食品加工技術や開発能力、また食品加工の衛生管理、育種効率化のためのバイオテクノロジー技術など、農業を取り巻く技術や知識は更に広がっており、これらの要求に答えることができる研究者を、本学では配置している。

二　実践の理論を重視した研究をどうすすめるか？

ワーヘニンゲンURの特徴と専門職大学の方向性

専門職大学が目指す、実践の理論を重視した研究がどうすれば可能になるのか、オランダのワーヘニンゲンURを例として以下に記述する。

ワーヘニンゲンUR（Wageningen University and Research Centre）は、農業および環境分野においてオランダ国内だけでなく、世界最先端の農業系大学である。ワーヘニンゲンURは、大学と研究機関が統合した教育研究機関であることを、その名称においても明確に示している。

筆者は、1994年にオランダのナールドワイクNaaldwijkにある、温室作物研究所（Glasshouse crops research station）を訪れたことがある。温室作物研究所はオランダの施設園芸の中心地ウエストランドにあり、政府と温室産業関係者からの補助金により運営され、栽培現場と直結した先端技術の研究開発を行っていた。

現在はトマトやキュウリなどの養液栽培において、一般的な栽培方法として世界中に普及しているロックウールは、オランダでいち早く実用化が進んでいた。当時日本における果菜類の養液栽培はNFT（Nutrient Film Technique　薄膜水耕）などが主流であり、養液中の溶存酸素量が低下する高温期の栽培が不安定であった。人造鉱物繊維であるロックウールを培地とした栽培は、作物の根圏環境に最適な空隙（気相）を提供し、果菜類が年間を通して安定的に栽培できる新しい技術として、世界から注目を集めていた。温室作物研究所は、ロックウール栽培の最先端の研究所であった。

ロックウール栽培技術を初めとして、高軒高フェンロー温室、高圧ナトリウムランプによる補光など、技術の高さに大変感銘を受けたものであるが、それらの技術はオランダから急速に全世界へと普及していった。温室作物研究所は、栽培技術研究だけでなく、研究成果を農家に普及する機能も持っていた。温室作物研究所の受付には、研究成果を農家にわかりやすく説明するカラー刷りの資料がいくつも並べてあり、訪問者に販売していた。まさに、温室作物研究所は、実践の理論を重視した研究を行っていた。温室作物研究所は、２００６年にワーヘニンゲンＵＲの組織の一員となり２０１９年にはブレイスウェイク Bleiswijk に最先端の施設園芸拠点を設立し、ゼロエミッション養液栽培など、現在でも世界最先端の実用化研究を継続している。このような現場における最先端の研究所と、大学という教育機関が結合した組織が、ワーヘニンゲンＵＲである。農林環境専門職大学が目指す研究・技術開発と教育は、大学と研究所、普及機関が統合した機能を持つワーヘニンゲンＵＲが大きな目標となるのではないだろうか。

県の試験研究機関との連携

本学は、静岡県農林技術研究所と同じ敷地内にある。専門職大学と静岡県農林技術研究所、畜産技術研究所は、互いの研究について連携できる場を設置している。このことは、農林業関係の教育と実践に近い農林業技術研究機関が連携できることであり、両者がうまく噛み合うことでワーヘニンゲンＵＲのように、現場に役立つ技術開発、実践の理論構築が可能となり、地域発展にプラスとなると思われる。

日本においては、ほとんどの都道府県に農林業関係の試験研究機関が設置されている。都道府県によって試験研究機関の機構も異なるし、抱えている農林業現場の問題も異なる。本学は県立の専門職大学であり、県の試験研究機関との連携はとりやすく、地域に根付いた研究や技術開発は農林業の発展に寄与するものと思われる。県立であるという優位性は、地域に根付いた実践理論構築にもプラスに働く。

全国の地方自治体が設置する農林業関係の専門職大学が将来的に増えてくれば、地域に密着した専門職大学のネットワーク化も進み、農林業振興に大きな影響を与えるだろう。

地域の農林業経営体との連携

地域の農林業経営体との連携も本学は推進している。本学が所在する磐田市にはここ数年で、大規模園芸施設が次々と設置された。磐田市の協力を得て、先進的農業経営体やＪＡ、企業と、本学教員とのコラボレーションを検討する場を設け、すでにいくつかの課題について共同で検討を始めている。地域の先進的農林業経営体や企業との協働は、専門職大学の実践に即した研究を実施する場合においても大変有意義である。

学生の臨地実務実習とキャップストーン

地域の農林業経営体との連携は、大学および短期大学部の学生の科目の中にも組み込まれている。長期間インターンシップとも言える臨地実務実習を必修科目としており、４年制大学の場合は４年間で６００時間以上の臨地実務実習を行う事とされている。

臨地実務実習は、学生のみならず、本学においても地域の農林業経営体との連携を図る上でも大きな役割を持っている。

学生は、臨地実務実習を通して農林業経営体が抱える問題点を抽出し、自身の卒業論文としての、大学のプロジェクト研究課題として取り上げることもできる。臨地実務実習を受け入れる農林業経営体も、単に研修生として受け入れるだけでなく、農林業経営体が抱える問題点を学生と共用し、学生のプロジェクト研究が農林業経営体の抱える問題に対して改善をはかるきっかけとなれば、双方にメリットとなる。

このようなプログラムは、キャップストーンプログラムと呼ばれ、国内外の大学で取り組まれ初めている。本学のプロジェクト研究は、キャップストーンプログラムそのものではないが、学生が臨地実務実習を通し実習先の課題から発想したプロジェクト研究について、教員がサポートしながら問題解決を進めていく。プロジェクト研究により、本学と地域の農林業経営体との連携も密接になり、農業経営体の発展と地域の活性化に結びつくことが期待されるので、このプログラムも実践の理論構築にほかならない。

研究施設

本学は農林業現場のプロフェッショナルの育成を目指しているため、農林業の栽培、飼育施設も備えている。学内には約１・６ｈａの実習圃場があり、約30棟の園芸施設がある（図１　本学温室群）。学生はこれらの実習圃場などで様々な技術を学ぶとともに、栽培や飼育に関するプロジェクト研究に取り組むことができる。また大学としては数少ないと思われるが茶工場もあり、栽培・収穫された茶葉を加工できる。

校外の施設として、静岡県農林技術研究所果樹研究センター、及び中小家畜研究センターと連携して学生のプロジェクト研究などを実施している。林業関係の実習及び研究には、磐田市内林地と、隣接の浜松市内の県有林約２８０ｈａを、演習林として使用している。

三　国際交流

農業といえども国際情勢を無視できる状況ではない。アメリカなどの農産物輸出大国における生産状況や、アジアなど日本農産物の購入国の需要変化、先進国における新たな農林業技術開発など、いずれも我が国の農林業生産および販売に大きな影響を与える。農林業生産および農林業経営のプロフェッショナル育成を目指す本学においても、国際感覚を備えた学生の育成は重要な課題である。

また教員においても、海外の農林業に関する情報や

図１　本学温室群

新技術を取り入れることは、学生への教育のみならず、自らの研究のためにも必須である。ここでは、本学の国際交流における取り組みについて紹介する。

国際感覚を持った学生の育成

本学では大学および短期大学部において、「海外農林業事情」という科目を設けている。これは学生がヨーロッパやアジアにおいて、その国の農業の状況を学ぶ科目で海外への視察研修もある。この科目で学生が海外と日本の農業との相違や、他国における農業への取り組み方を学び、自身の進路や将来の農業経営のステップアップへつなげてくれることを期待している。

本学の前身である農林大学校は、２００４年に浜松市において開催された「浜名湖花博」をきっかけに、オランダのウェラントカレッジ Wellantcollege と「教育提携姉妹校協定」を結び交流を続けてきた。２００４年から２０１９年までの間に、２６４名の学生がオランダを訪問する研修に参加した。オランダにおける研修先の選定・アポイントメントなどは、ウェラントカレッジの国際部の職員が協力してくれた。初めての海外旅行として参加する学生も多く、農業、文化、人との交流により学ぶ事が多かったと思われる。このプログラムは、学生が農林大学校進学を目指す理由の一つとしても大きく貢献した。本学でもオランダなどの大学や、専門大学との交流を目指す予定である。

農産物輸出額世界第2位のオランダ

オランダは、九州よりやや広い面積でありながら、アメリカに次いで世界第2位の農産物輸出国であり、年間約100兆円の農産物を世界に向けて輸出している。日本政府は、農林水産物の海外輸出1兆円を目標にしているが、現実はまだ達成していない状況である。小さな国でありながら、日本の100倍の輸出額を誇るオランダの農業生産や流通状況を学ぶことは、今後の日本の農林業発展のキーファクターとなるだろう。

オランダが農産物輸出大国である理由は、いくつか考えられる。ハード面では、オランダの立地条件がヨーロッパに位置し、大きなマーケットが近くに多数あることである。また、干拓で国土を広げてきた国であるので平坦な農地が多く、大規模な農業経営が可能である。天然ガスの資源が豊富で、施設園芸における暖房コストが以前は安かったことも、オランダの施設園芸の発展に貢献した。

ソフト面では、古くから種苗会社が多く存在し、様々な作物の育種に力を注いできた。特にガーベラやスプレーマムなど、花き分野においては、世界における種苗のシェアは高い。また、ワーヘニンゲンURを代表とする大学や試験研究機関が効果的に機能し、有益な成果や農業技術・経営の教育成果を上げていたこともあげられる。農業系の大学だけではなく、オランダにおける職業教育の充実も大きく影響していると思われる。

四　国際交流で学ぶ職業教育

筆者は農林大学校職員として、オランダのウェラントカレッジとの交流に2年間関わった。学生を引率してオランダの農家などを見学し、日本の農業と比較して先進性を強く感じ大変参考になった。また、ウェラントカレッジの学生が、教育課程の一環として行う2ヶ月間の長期間インターンシップを日本で実施したいと希望する学生に対し、受け入れの手助けを行ったこともある。これらの経験を通して、オランダの教育制度を学んでみると、職業教育への考え方が日本と大きく異なることに気がついた。ここでは、オランダの教育制度を参照してみる。

オランダの教育課程

内閣府が平成26年度にWIPジャパン株式会社に委託調査した「教育と職業・雇用の連結に係る仕組みに関する国際比較についての調査研究」の結果をもとに、簡略化したオランダの教育制度を**図2**に示した（**図2**　オランダの教育機関）。オランダでは8年間の初等教育（BAO：オランダにおける略語、以下同じ）と、1～2年の中等教育（VO）を受けた後のおおよそ12歳の時点で、将来研究職を目指す大学（WO）または高等職業教育機関（専門大学、HBO）へ行くコースの大学準備学校（VWO）または一般中等学校（HAVO）を選ぶか、または前期中等職業機関（VMBO）に進むかの選択をしなければならない。WIPジャパン株式会社の報告書によれば、大学を

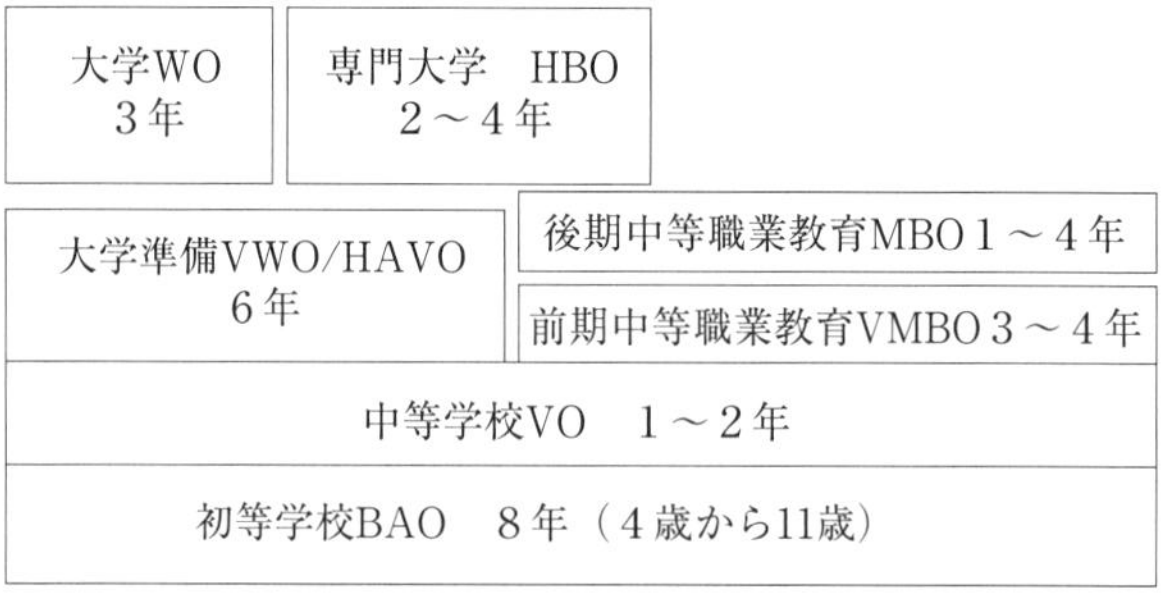

大学WO
3年
専門大学　HBO
2～4年
大学準備VWO/HAVO
6年
後期中等職業教育MBO 1～4年
前期中等職業教育VMBO 3～4年
中等学校VO　1～2年
初等学校BAO　8年（4歳から11歳）

図2　オランダの教育機関

目指すコース（ＶＷＯ／ＨＡＶＯ）を選択する学生と、ＶＭＢＯを選択する学生はほぼ半々だという。日本では高校生の約73パーセントが普通科に進学し、その状況は１９９０年以降殆ど変わっていない。オランダ人はすでに12歳の時点で、将来の職業について考えることになる。働くという概念を、日本より強く感じるのではないだろうか。

研究大学ＶＯは卒業すると学士の称号が、専門大学ＨＢＯは専門職学士の称号を得ることができる。研究大学ＷＯは学生全体の約15パーセントのみが進学する研究者を目指す学生の頂点で、専門大学ＨＢＯは学生の約40パーセントが進学する職業教育を受けた学生の頂点と言える。専門大学ＨＢＯは英訳すると、University of Applied Science であり、専門学校ではなく実務訓練に重点が置かれた大学であり、ビジネスやテクノロジーの他、音楽や体育のプロフェッショナル、教員養成などもＨＢＯに含まれている。いわば日本における専門職大学と同様の教育課程であり、本学もオランダにおけるＨＢＯに相当するのではないかと思われる。

オランダの学生の進学率を見ると、専門大学ＨＢＯは約40パーセントが進学する主力のコースであり、オランダにおいては職業教育が重視されている事を示している。同じような教育制度は、ドイツやフランスでも見られ（一章三参照）、欧州における職業教育への力の入れ方が伺われる。

ＭＢＯのインターンシップ

筆者が農林大学校に職員として在籍した当時、オランダから日本へのインターンシップ生として受け入れた学生は、ＭＢＯの学生であった。帰国後はＨＢＯへ進学する学生であったが、インターンシップ先での研修や労働などは、非常に熱心に取り組んでいた。また、農林大学校生を相手にプレゼンテーションを依頼したところ、英語で上手にプレゼンし、大変能力の高い学生だと感じた。インターンシップ生は日本語を話すことはできなかったが、スマートフォンの翻訳機能を使用したり、英語で会話したりして、インターンシップ先の従業員と積極的にコミュニケーションをとっていた。

ＭＢＯでは、卒業までの間に長期間のインターンシップを行うことが必須で、一般的にはオランダ国内またはＥＵ内の企業でインターンシップを行う。ＥＵ内でのインターンシップは、ＥＵ政府から補助金が出るが、それ以外の国へのインターンシップはＥＵの補助金は無く、かなりの自己負担をしなければならない。学生の負担が大きいが、希望があれば許可をする学校の柔軟性も日本では考えられない。

オランダの実践・職業を重視した教育課程と、世界のどこへでも出かける姿勢も、今日オランダが農産物輸出大国である理由の１つではないかと感じた。

ヨーロッパとの交流

本学がどのような国際交流を目指しているのか、私見ではあるが現時点における方向性について考える。一つは、オランダのＭＢＯとの交流の継続である。ウェラントカレッジとの交流は、双方の学校と学生にとって大変有益であったと感じている。ウェラントカレッジは、２０２１年にオランダ国内の他の２つのＭＢＯと統合し、学生数約２万人教員総数約２０００人という巨大なユベルタ Yuvertaという１つの組織となった。言い換えれば、オランダにおける農業・食品・造園などのいわゆるグリーン部門の中高等職業教育が、国全体の１つの大きな組織の管理下で行われることになった。農業先進国であるオランダは、絶えず改革を行いグリーン分野における優位性を、更に発展させようとしているのではないだろうか。

本学も相手校も共に新しい組織になったが、これまでの農林大学校との交流を引き継ぎ、今後もオランダへの学生の研修を継続すると考えるのが順当である。

学士の学位が取れる専門職大学として開学した本学は、今後はオランダにおける大学や専門大学、ヨーロッパの大学などと新たな交流を目指して行く事も必要だと思われる。オランダから来たインターンシップ生は、緑茶や日本酒、納豆など日本のオリジナルな食品に大変興味を持っていた。ヨーロッパでも寿司や日本酒などが、広く普及している。今までは、ヨーロッパの先進技術を学びに行くような研修が多かった。しかし、今後は共同研究や学生の交互の交流により、日本の文化や特有の作物などについて、国外への情報発信も重要になってくる。日本の農畜産物等を世界に発信することは、輸出の増加にも繋がり地域農業の発展に寄与するものと思われる。

アジアとの交流

本学では開学当初からアジアの留学生を受け入れ、留学生は日本人の学生と同じ寮でごく普通に生活し、交流を図っている。長期間アジアの国々で研究などを行った教員も複数いる。アジアの国々は距離も近く比較的気軽に行くことができる。本学の科目で海外研修の機会があるのは、「海外農林業事情」の1科目だけであるが、科目以外でも積極的に海外との交流を図るためにも、アジアの国々との交流は有益である。海外にコネクションを持つ教員を中心に、アジアの国々との交流を進めることで、学生や教員は様々な機会を通して交流を進めることができる。いろいろな国の農業事情を学ぶとともに、海外への情報発信をすることで本学もさらに発展するものと思われる。

五　専門職大学における国際交流

農林業分野におけるこれまでの国際交流は、先進的研究を海外で学んだり、先端技術を導入する目的で研修したりする技術導入や、発展途上国への技術援助など様々な形で行われてきた。新たな感染症の流行による国際交流の妨げなど不確定な要因はあるものの、外国との交流は今後益々増加し、本学においてもいろいろな形で国際交流が行われるものと思われる。

「専門職大学の特徴を生かした国際交流」と言えるものはあるのだろうか。ここまで記述したように、専門職大学の特徴は実践を生かした研究・教育である。専門職大学の国際交流は、一方通行の研修ではなく現場に根ざして、双方ともに地域発展への貢献を目指す交流であるべきだと思う。また、海外から学ぶだけの研修ではなく、海外へ向けて情報発信を継続することも重要である。

終章　耕土耕心

鈴木　滋彦

本書の企画は２０２０年の８月に始まった。コロナ禍のもと４月に新大学が開学して、最初の一ケ月は休講措置を取らざるを得なかった。５月からはオンライン授業を始めたが、それは一ヶ月できりあげ、６月からすべての授業を対面で開始することができたのは小規模な大学の強みだったかもしれない。

そんななか、大学の知名度が低いことを痛感していた。開学初年度だからやむを得ないことではあるが、コロナ禍の「禁足令」のため動けない。通常であれば５月６月には各種団体の総会やその後の情報交換会などで時間を頂戴して、大学の趣旨説明に奔走するつもりでいた。７月には開学記念式典を、知事をはじめとして、文科省、県内産業界、教育界から来賓を招いて盛大に開催することを計画していたが、すべてが自粛となった。

専門職大学制度が動き始めて、農林業系の新しい県立大学が動き始めたことを世の中に何とか情報発信したいとの思いが学内にあり、有志を募って本書をまとめることを計画した次第である。コロナ禍のもと、新しい教育を模索する中で立案したものであり、執筆者の思いが章ごとに込められている。

一　公立の使命

本学の特徴の一つは、県立大学であることである。学生の入学定員が四大24名、短大が１００名と小規模な大学であることを考え合わせると、教員、スタッフの数は恵まれている。学生定員総数296名に対して、正規の専任教員44名、みなし専任と学長を含めると46名、正規職員23名を擁している。非常勤講師や単年度契約の職員は多数いる。

前述のとおり、四大、短大とも一学科制を敷いているが、在学期間の約半分を〈栽培〉〈林業〉〈畜産〉の3コースに分かれて学修する。この3コースの教育内容は、通常の大学では学科に分かれて実施されるものに近い。さらに〈栽培〉コースは野菜、茶業、果樹、花卉を包含していて、その守備範囲は広い。このようなコースや分野設定は、結果として多くの教員を必要とすることになる。農学、園芸学、林学、畜産学の領域を擁し、そこに職業教育と人材育成の要素を付加した新しい大学である。

もし、大学を経営的に独立した法人としての視点から見るならば、守備範囲を広げず特定分野に集中した教育プログラムを構築することが望ましいのかもしれないが、この構造こそが県立たる所以であり、公立の使命である。農林業系の人材育成を幅広く行おうというものである。スタッフ数はもとより、実習用の広い圃場等の施設も含めて、充実した環境にあると実感している。

さらに、県内の農業系研究施設と強い連携を有しているところが本学の特徴の一つである。連携どころか、同じ県の機関なので兄弟以上の関係にある。静岡県には農林技術研究所、畜産技術研究所、茶業研究センター、森林・林業研究センター、果樹研究センター、中小家畜センター、海洋・水産技術研究所など、農林水産系の試験研究機関が多くある。前身の農林大学校時代は、県内の試験機関を分校と位置付けており、学生は一年間分属して講義・実習を受講し卒業研究を行っていた。また、県内外の研究機関や企業がアイデアを持ち寄り、競争して農業の生産性改革に取り組むための拠点となる『ＡＯＩ－

ＰＡＲＣ（アオイパーク）』をはじめ、県内の研究力のある機関・団体との連携が可能である。農林業系の幅広い分野の人材育成を担うことが本学の目的であり、こうした構造は、強みである。

二　愛称と校章

開学前の２０１９年、愛される大学でありたいとの思いから、静岡県立農林環境専門職大学の愛称と校章を公募した。その結果、８００を超える応募の中から「アグリフォーレ」（Agrifore）が愛称として選ばれた。アグリの「農」とフォレストの「林」を合わせた造語と解説されているが、フォーレは「前の方に進む」響きがあり、よい名をつけていただいたと感謝している。

また、校章には３００の作品の応募があった。一般の方に加えて、デザインの専門家からの応募もあった。その中から**図１**に決まった。中心の一枚の葉が光を放出している状態をイメージしたデザインで、「学生たちが未来の農林業に明るい光を照らしていく存在となるように」という想いが込められている。基本の色はグリーンだが、印刷によっては黒にすること、あるいは白抜きでも印象的な図柄である。

本学の校訓は「耕土耕心」という。「大地を耕すことは、自らの心を耕すことである」という理念を引き継いでいる。農林環境専門職大学にふさわしい校訓である。耕土は耕作する土そのものを指す農業用

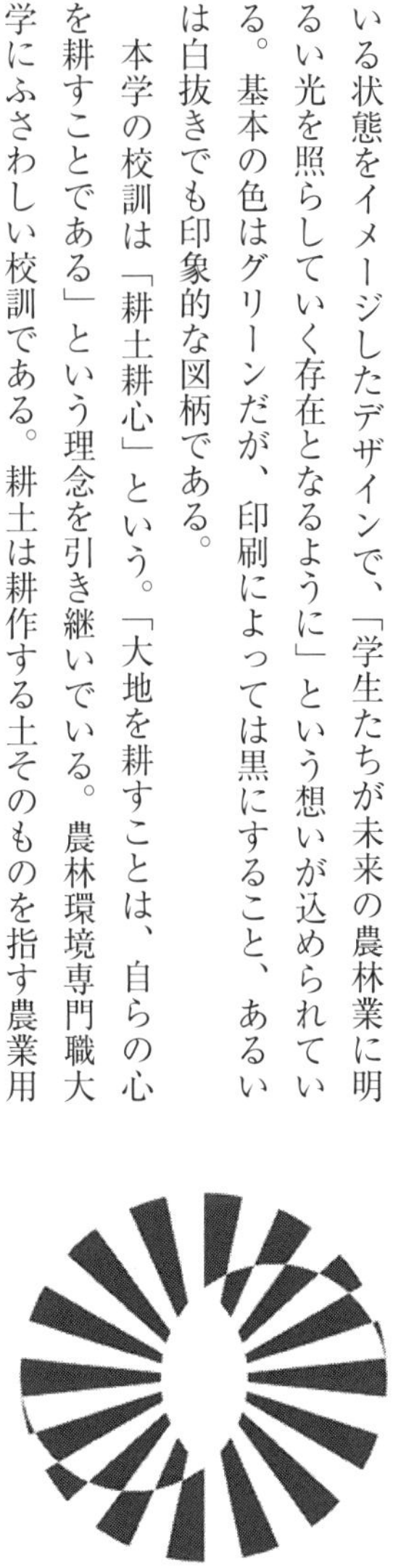

図１　校章

語であると同時に、土を耕すことを意味する。耕す（cultivate）ことは土を耕すことから派生して、「心を耕す」の意もあるようで、これが文化（culture）と語源が同じだと語られている。我々の祖先が農耕を始めたころから引き継いできた思いがこの校訓に込められている。

新しい大学に引き継がれたこの校訓の解釈を、少し広げてみたいと思っている。校章に示された二つの渦は、耕土と耕心が和して一つの形を作っていると見える。耕土と耕心の順を変えてみると、専門職大学で学ぶことが「耕心」であり、その後「耕土」、すなわち国土を耕す。本学で学んだ後、国を支える人材になってほしいといと願うものである。

三　農の誇り

農を目指す若者（わこうど）の皆さんに、また、将来の進路の選択肢に農を考えている高校生の皆さんに申し上げたいことがある。聞いていただきたい。

最近の農学は生命科学の一分野とみなされ、あるいは自ら名のる傾向がある。植物や動物の生命と深く係るサイエンスである。しかしながら、生命科学を表すライフサイエンスのライフには生活の意味もあることを忘れてはならない。「農」は生命現象を取り扱っていると同時に、衣食住に不可欠な学問・産業である。衣食住は日常であり、豊かさの中では忘れられていることが多いが、大震災や津波などの大きな災害があると、人は着ること、食べること、寝ることの大切さを再認識する。「農」は人が生きることの基本であることに誇りを持ってほしい。

本学はコロナ禍のもとで開学した。生活すること、生きることの重みを感じるなかでの船出となった。アフターコロナ、ウィズコロナと言われる時代をどう生きるかを考えるとき、農の位置づけはこれまで以上に重みを増すものと思われる。

農の代表である「食」にも二つの側面があることを考えてほしい。一つは、空気や水がなければ私たちは生きられないことと同様に、食は生命を維持するために必須なエネルギーであるということ。食料不足は深刻な社会問題となる。他方、食は「豊かな食卓」を提供し、生活を豊かにするものである。「食文化」という言葉に代表されるように、社会の重要な要素に発展する。この、エネルギー源と豊かさの両面を支えるのが農であることに誇りを持ってほしい。

最後に、最も重要だと考えていることを再度述べてみたい。光合成は水と空気中の二酸化炭素、太陽エネルギーから糖類を合成する。あわせて、酸素を空気中に供給していることは周知である。地球全体の資源量を考えるとき、これを取り崩すのか、あるいは持続可能な仕組みを考えるのかは、いま私たちが直面する大きな課題であろう。一般に産業というものは多くの資源とエネルギーを消費するものである。しかし、農林業は食料・資源・エネルギーを生み出す産業である。消費ではなく生み出していることに自信と誇りを持ってほしい。

相蘇　春菜（あいそ　はるな）助教，コラム７
東京農工大学大学院連合農学研究科修了。博士（農学）。宇都宮大学バイオサイエンス教育研究センター技術補佐員、森林研究・整備機構　森林総合研究所に日本学術振興会特別研究員（PD）として在籍したのち、現職。専門は木質科学、特に木材組織学。

静岡県立農林環境専門職大学短期大学部

竹内　隆（たけうち　たかし）学科長・教授，第５章
専門は野菜栽培と育種。岡山大学農学部園芸学科卒。種苗会社を経て静岡県に勤務。主として野菜の育種研究に従事し、農業行政、普及指導、農林大学校教員としても従事。

小林　信一（こばやし　しんいち）教授，第２章
名古屋大学大学院博士課程満了、農学博士、全農飼料畜産中央研究所、オーストラリア国立大学豪日研究センター、日本大学生物資源科学部を経て現職。全日本鹿協会副会長・事務局長、畜産経営経済研究会会長、NPO 馬頭農村塾副理事長など。

杉山　泰之（すぎやま　やすゆき）教授，コラム１
千葉大学大学院園芸学研究科修士課程修了。静岡県入庁後、農林技術研究所果樹研究センター、くらし・環境部生活環境課、経済産業部みかん園芸課、地域農業課などを経て現職。専門は果樹園芸、土壌肥料、ＧＡＰ。博士（農学）。

鵜飼　一博（うがい　かずひろ）准教授，コラム９
京都府立大学大学院農学研究科修士課程修了。1995 年静岡県入庁（林業職）後、森林行政や自然保護行政などに従事。ＮＰＯ法人日本高山植物保護協会理事兼静岡支部長など。

中根　健（なかね　たけし）准教授，第６章
茨城大学農学部卒業後、静岡県に入庁。静岡県農林技術研究所を経て、2020 年度より現職。専門分野は作物栽培、野菜栽培、野菜品質評価、鮮度保持。

中野　敬之（なかの　たかゆき）准教授，コラム６
静岡大学農学部卒、静岡県農林技術研究所茶業研究センターを経て，現職。茶園管理機械，枝条管理，気象災害作業に精通。

横田　茂永（よこた　しげなが）准教授，第４章
東京農工大学大学院連合農学研究科修了、博士（農学）。一般社団法人全国農業会議所専門員、京都大学「農林中央金庫」次世代を担う農企業戦略論講座特定准教授等を経て現職。日本協同組合連携機構客員研究員委嘱。

渡邉　貴之（わたなべ　たかゆき）准教授，コラム８
茨城大学農学部卒業後、独立行政法人家畜改良センターを経て現職。黒毛和種の育種改良や繁殖、牛群の飼養管理の改善による生産性向上技術の開発に従事。

坂口　良介（さかぐち　りょうすけ）講師，コラム４
これまで、主に野菜の普及指導に携わる。また、青年海外協力隊として、パラグアイに赴任し、野菜栽培や土壌分析の指導を行ってきた。常に現場に足を運び、これまで、レタス機械化体系推進等、産地の課題解決に取り組んできた。専門は野菜栽培、GAP。

山家　一哲（やまが　いってつ）講師，コラム５
2003 年静岡県入庁。静岡県柑橘試験場、中遠農林事務所、経済産業部マーケティング推進課、農林技術研究所果樹研究センターを経て、令和２年度より現職。静岡大学客員准教授（委嘱）兼任。専門分野は果樹園芸、ポストハーベスト。博士（農学）。

星川　健史（ほしかわ　たけし）講師，第７章（共同執筆）
2006 年名古屋大学大学院生命農学研究科修了。同年４月から静岡県庁に入庁後、主に農林技術研究所森林・林業研究センターの研究員としてリモートセンシングによる森林資源解析、木材加工流通の研究に従事。日本森林学会、日本木材学会、日本リモートセンシング学会、日本写真測量学会会員。

吉村　親（よしむら　ちかし）講師，コラム 10
北海道大学大学院教育学研究科修士課程修了。農業・農村体験学習における学習過程と意識変容及び農村地域への波及効果の研究に従事。教育活動では、農山村でのフィールドワークを通じた地域連携教育を展開。

【編集・執筆者紹介】

鈴木　滋彦（すずき　しげひこ）　学長，序章・終章
名古屋大学大学院農学研究科修了。静岡大学農学部に奉職。2000 年日本木材学会賞、2010 年 IAWS、Fellow。20 期、22 期、23 期日本学術会議連携会員。2011 年農学部長、2013 年副学長（国際戦略担当）として農学教育の充実、国際交流の推進に尽力。農学博士。

【執筆者紹介】

静岡県立農林環境専門職大学

多々良　明夫（たたら　あきお）　学部長・教授，第 1 章
大阪府立大学農学部卒業。静岡県入庁後、柑橘試験場、農業試験場、茶業試験場などで害虫の生態と防除に関する研究に従事。静岡県退職後、ラオス植物防疫センター、法政大学生命科学部を経て現職。博士 (農学)、技術士 (農業部門)。

佐藤　展之（さとう　のぶゆき）　学生部長・教授，第 12 章
静岡大学大学院農学研究科修了、静岡県農業試験場、農林技術研究所にて、主にヒートポンプなどの施設園芸における省エネ技術や、作物生体情報把握技術の開発に従事。博士（農学）

池田　潔彦（いけだ　きよひこ）　教授，第 7 章（共同執筆）
1986 年静岡大学大学院農学研究科卒業、同年 4 月から静岡県林業試験場（現、農林技術研究所 森林・林業研究センター）に勤務し、スギ・ヒノキの材質特性解明及び利用開発、立木の非破壊材質評価手法等の研究業務に従事。博士 (農学)

菊池　宏之（きくち　ひろゆき）　教授，第 11 章 5 ～ 8
1958 年茨城県生まれ。流通・マーケティング系研究所、私大を経て現職。主たる研究課題は、流通業の販売戦略、流通業の経営戦略、地域資源活用による地域活性化、農福連携による農業経営革新等。博士（学術）

祐森　誠司（すけもり　せいじ）　教授，第 8 章
1959 年京都市生まれ。東京農業大学大学院農学研究科修了。民間研究所、秋田県立農業短大、東京農業大学を経て現職。主な課題は微量栄養素の役割。日本養豚学会会長、日本畜産環境学会常務理事、農学博士。

前田　節子（まえだ　せつこ）　教授，第 9 章
東大医学部附属看護学校、助産婦学校、静岡英和短大、静岡大農学部卒業。岐阜大学大学院連合農学研究科博士課程修了、博士（農学）。静岡英和短大食物学科を経て現職。助産師、管理栄養士。静岡在来作物研究会副会長。

内藤　博敬（ないとう　ひろたか）　准教授，第 3 章
日本大学理工学部薬学科卒業、静岡県立大学大学院生活健康科学研究科修了、岡山大学において博士（学術）を取得。日本医療・環境オゾン学会副会長、日本機能水学会理事、ヘルスケアプランナー検定協会理事、リスク教育研究会コアメンバーなど。

中山　正典（なかやま　まさのり）　准教授，第 10 章
静岡県磐田市生まれ　博士（学術）　専門：日本民俗学、文化人類学、地理学、民具学
単著：『風と環境の民俗』（吉川弘文館）、『富士山は里山である』（農文協）　共著民俗誌：『水窪の民俗』『佐久間の民俗』（遠州常民文化談話会編）

丹羽　康夫（にわ　やすお）　准教授，コラム 3
名古屋大学大学院にて生物学を専攻、博士 (理学)。静岡県立大学食品栄養科学部より本学へ。専門は植物分子生物学、在来作物や高山植物の遺伝子研究のほか、神楽や能楽などの伝統芸能を嗜む。主な担当科目は「分子生物学」「生命科学」「在来作物学」

太田　智（おおた　さとし）　講師，第 11 章 1 ～ 4
2006 年に、岐阜大学大学院連合農学研究科を修了し、桜の系統分類学的研究により博士号（農学）を取得。国立研究開発法人を経て、現職にて農福連携に関する研究を開始。学生時代から、福祉に係るボランティア等の経験多数。

貞弘　恵（さだひろ　めぐみ）　講師，コラム 2
日本獣医生命科学大学獣医学部卒、獣医師。2008 年静岡県に入庁。家畜保健衛生所に勤務し、家畜伝染病の発生予防及び蔓延防止のための検査業務と防疫対策に従事。静岡県立農林大学校の教員を経て現職。

農林業の魅力と専門職大学

2022年3月1日　第1版第1刷発行

編　者◆鈴木 滋彦
発行人◆鶴見 治彦
発行所◆筑波書房
東京都新宿区神楽坂 2-16-5 〒162-0825
☎ 03-3267-8599
郵便振替 00150-3-39715
http://www.tsukuba-shobo.co.jp

定価はカバーに表示してあります。

印刷・製本＝中央精版印刷株式会社
ISBN978-4-8119-0617-1　C3061